ル・シュクレクールのパン

岩永歩

はじめに

こんにちは。シュクレクール店主、岩永です。
みなさんは、そもそも「仕事」って何だと思います?
僕は「鉋(かんな)」や「紙やすり」のようなものだと思っていて。
いわゆる、モノを磨くためのツールです。
職業選択は結局、「どんなツール(職種)で、自分を磨き上げていくか」
ってことなんじゃないかと。
20歳の僕は、ほとんど成りゆきで「ブーランジェ」という名の鉋を手にし、
そのツールを使って、自分を磨いていくことになりました。
粗い目でゴシゴシと、甘っちょろい錆を取る作業から始まるわけです。
そりゃ摩擦だらけで痛いし、こびりついた錆はなかなか取れません。
だからといって初めから目の細かい紙やすりを使っていては、
表面をなでているだけに過ぎません。段階を経て、細かい目に移行していき、
凸凹だらけの自分をピカピカに磨き上げていくわけです。
この本では、僕がブーランジェになるまでの道のりと、シュクレクールを開いてから
の日々のこと、パンとの接し方についてお話しします。
この仕事に、どう磨かれ(シゴかれ)、何に気づき、どう成長していくのか。
「どんな作り方をするのか」ではなく、「どんな人が作るのか」を
伝える本になればと願っています。
僕たちの職場に遊びに来たつもりでページをめくってください。
大丈夫。本なので、厨房に響く怒号は聞こえませんから(笑)。

岩永 歩
Ayumu Iwanaga

目次

2 はじめに

Les Essais ブーランジェになるまで
- 7 きっかけ
- 9 同僚
- 12 ハリボテ
- 15 決心
- 18 僕は、ブーランジェです
- 21 誕生

Avant de faire le pain パンを作る前に……
- 26 心持ち
- 29 小麦粉
- 32 酵母
- 34 塩
- 35 水

Nos pains 僕たちのパン
- 38 **PAIN 01:** バゲット
  - [バゲット生地を使って]
  - 48 バタール
  - 49 パン クール
  - 50 タルト フランベ／タルト フランベ オ ゾリーブ／タルト フランベ ド セゾン夏・秋
- 52 **PAIN 02:** パン グロ ラミジャン
  - [ラミジャン生地を使って]
  - 58 発芽ディンケルのつぶつぶと、カボチャの種と、胡麻の入ったパン／レ サンク ディアマン／アクサン ヴェール／バトン ブランシュ／プティ デジュネ
  - 60 四季のパンバリエーション
- 66 **PAIN 03:** シャバタ
  - パン オ ゾリーブ／パン オ トマト
- 72 **PAIN 04:** パン ド ミ

78	**PAIN 05:** クロワッサン
	［　クロワッサン生地を使って　］
84	クロワッサン ジャンボン／パン オ ショコラ／クロワッサン オ ザマンド／ サクリスタン／パン オ レザン／エスカルゴ オ シトロン／シナモンロール
86	**PAIN 06:** ブリオッシュ ナンテール
	［　ブリオッシュ生地を使って　］
90	ブレッサンヌ／ガトー ラ トロペジェンヌ／ガレット オ フィグ／クグロフ
91	**PAIN 07:** ヴィエノワ
	ピュレ・ダリコ／クレーム オ ブール／カフェ エ ノワ／ガナッシュ／抹茶
	［　ヴィエノワ生地を使って　］
93	ヴィエノワ ショコラ／パン オ ノワ／パン ド パック

96　Les Essais ブーランジェの仕事

97	開店
99	リスタート
102	パティスリー
104	経営
106	レストラン
108	踏み出す
111	カジュアル
112	10 周年
114	新天地
116	涙
117	役割

121　SWEET HEART　別冊 スイートハート

122	ル シュクレクール 北新地
124	ル シュクレクール 岸部
125	シュクレクール四ツ橋出張所
126	パンの卸し、料理とのコラボレーション
128	マーケット活動
129	小説「深夜のブーランジュリ」

＊材料の分量について
本書では、材料の分量をベーカーズパーセントで表記しています。配合中の粉の総重量を100％として他の材料が何％の比率であるかを意味します。

Les Essais | **ブーランジェになるまで**

Déclic

Déclic | きっかけ

　大した目的もなく、目標もなく、なんとなく生きていた10代だった気がします。なんとなく野球に明け暮れ、なんとなくスポーツに絡んだ仕事に就くと思い、やることなくて受けた付属の大学の推薦入試に、なんとなく受かっちゃって。「夢は？」と聞かれた面談で、「ありません！ここで探します！」と言ってはみたものの、「ここにはねえな」と身の程知らずの見切りをつけ早々に退学しました。

　「スポーツに絡んだ仕事なんて簡単に見つかるわけじゃない」という現実を知ったのは、大学を辞めてからでした。それくらい、社会に対しての認識は甘かったです。他にはとくにやりたいことはなく、何か適当な仕事に就くしかないか、と半分諦めかけもしましたが、「サラリーマンにはならない！」と、根拠もなく息巻いていた口学時代の自分の言葉に、今さらながら引っかかって進めずにいました。だから、「働く理由」を探したんです。

　その頃、たまたまパンが好きな女性とお付き合いしていました。朝方にパンを一緒に買いに行って、公園で朝食を一緒にとるというデートが、とても幸せだった思い出があります……って、書いてて恥ずかしいわ（笑）。でも、パンが好きな彼女が毎日食べるパンを、僕がずっと作ってあげられたら、素敵だなあ……って、ふと思ったんです。「まさか？」——はい、そうです。その「まさか」です。単純ですが、僕には唯一の職業選択の理由でした。まぁ、さすがに少しは「飲食業」っていう意識はどっかにあったと思います。それがなぜだか、ずっとわからずにいたんですが、きっと僕が唯一「母親に喜んでもらえたこと」だったからだと気づきました。

　それはもう手のかかる子で、怒られない日はないくらいの幼少期。物心ついた頃から、怒られていた記憶しかありません。おまけに小学校入学のタイミングで東京から大阪に引っ越して来て、クラスではよく標準語をからかわれました。毎日毎日泣きながら喧嘩していた気がします。連絡帳は、母親と担任の先生のやり取りで埋め尽くされていました。

　そんな僕でしたが、3年生か4年生か、家庭科の授業が始まり、初めて「お好み焼き」を作りました。楽しかったので忘れないうちにと、家でも作ったんです。それが、まぁ喜んでくれたこと。お好み焼きが美味しかったのか、単に家事を手伝ったからなのかわかりませんが。他には一切褒めてもらえることがなかった僕が、褒めてもらえることを見つけたんです。

　それがよっぽど嬉しかったんでしょうね。母親が買っていた『レタスクラブ』や『クロワッサン』などの婦人雑誌を引っ張り出し、切り抜いてレシピノートを作り、実際に自分でも作るようになりました。ちなみにそれまでの愛読書は、妹が買ってもらっていた『なかよし』でした。『りぼん』に鞍替えされたときは「"きんぎょ注意報！"が読めなくなるやんけ！」と、妹にキレたことを昨日のことのように思い出します。

　話を戻しまして、まぁ、そんな経緯で20歳の秋、「パンの専門学校も行ってませんし、何もわからないですけど雇ってください」と門を叩いたお店の店長さんの、「一から、うちで勉強したらええやん」という優しい言葉にうながされ、本当に右も左もわからぬまま、いきなりパンの世界に足を踏み入れたのでした。よく朝食を買いに行っていた、彼女の家の近所のパン屋さんでした。

とはいえ、それまでは部活でヘロヘロになったら吉牛や王将で腹一杯食うことしか脳のない生活でしたから、個人的にはさほど興味もなかった食べ物です。知識なんて、「小麦粉と、イーストってやつ」くらい。店長と積極的にコミュニケーション取らなきゃと焦った挙句、「……なんか、モ……モスラの幼虫みたいっすね」って、サンドイッチ用にスライスされた長細いくるみパンを指差したら、すげえ変な空気になったのを覚えています。

ちなみに、パン屋さんで働くきっかけとなった彼女とは、入店後1年くらいでお別れすることになりました。ちなんどいて申し訳ありませんが、ここを掘り下げる気は一切ありません。ただ、さすがに働く理由を失ってしまったので、しばらくの間、厨房のミキサーにもたれかかったまま動けず、魂が抜けたような感じでした。辞めることも頭をよぎったのですが、他にやることもなく、すでにできの悪い素人の僕を雇ってくれた店長への恩義もありましたので、「この人のために」のターゲットを彼女から店長に替えることで、新たな働く理由を見出しました。

その後、29歳の終わりで独立するまでの10年間、国内外の6店舗で働くのですが、最初のお店に4年勤め、後には渡仏資金を貯めるために丸1年パン業界を離れています。つまり残りの4年の間に5店舗で働いた計算になります。意図したわけではないんですが、すべてほぼ半年で辞めているんですよね。なんでしょう、そういうサイクルだったんですかね。次の職場を決める前に辞めちゃうので、隙間をつなぐ用の登録制の日雇いバイトは、長い間登録したままだったような。今思うと、あれですね、絶対雇いたくないタイプのやつですね。

だからというわけではないんですが、うちは辞める子に対して「あ、そ」くらいしか言いません。「え？ 今？」ってタイミングや、スキル的にも「もったいない！ これからやのに！」ってことがほとんどです。でも、よっぽど計画的な子じゃない限り、自分の人生のタイミングとスキルの成長を、良いタイミングで合わせられる子っていないですよね。

本当はね、「ちょっと待って」と言いたいときもありますよ。ただ、僕が好き勝手やってきているのは少なからずみな知っていますし、その僕に止める資格はないと思っています。もちろん、辞める時期だけは、ちゃんとしてもらいます。

辞め方って、入り方よりよっぽどリアルに「人」が透けて見えますよね。入るときに、嫌な印象を与えても平気な子っていませんもん。だけど、辞めるときって平気で醜態さらすでしょ。「へ〜、こういう子なんだ〜」って思います。苦しいとき、辛いとき、どう振る舞うのかで、その人の価値は垣間見られます。周りを鼓舞したり気を遣ったりする子もいれば、積み重ねた時間や関係性などお構いなしで、単純に「今」から逃げちゃう子もいますね。そういう子ってだいたい自分以外の何かのせいにして辞めるんですよね。そうやって自分を肯定するんでしょうね。

でも、そこで越えられなかったハードルは、逃げても嫌がらせのように必ずまた目の前に用意されます。案外、神様はネチっこく同じハードルをぶつけてきます。負けずに逃げ続けるという選択肢もありますが、それはそれでエネルギー使うと思うんです。いつか飛ばなきゃいけないハードルだったら、腹くくって越えちゃえばいいのになぁって思うんです。逃げることで現実はごまかせても、逃げた自分まで

Collègues

Collègues ｜ 同僚

最初のお店で4年を過ごし、そこそこ「やれてる」と勘違いして移った2軒目は、広くヨーロッパのパンを扱うお店として開業する、立ち上げからの参加でした。僕は「全工程、ひと通りやってます！」と、今となっては超恥ずかしいことを面接で言い放ったためか、仕込みを任されることになりました。

が、いざ始めてみると「フィグって何？」、「ノワってどれ？」、「コンプレは、全粒粉のパン？それともライ麦のパン？」。初めて聞く単語、初めて知るパンに、初めて食べるパン。今でこそ一般的になりましたが、当時本格的なブーランジュリは大阪では初めて、全国でもまだ珍しく、業界からもかなり注目された中でのオープニングでした。本当にエラいとこ来ちゃったと気づいたときにはすでに遅し。当然、大事なポジションです。できませんじゃ済みません。もう、必死を通り越して、ノイローゼになるんじゃないかってくらい追い込まれました。何より、前の店に4年も捧げたのに何も通用しない自分が悔しくて悔しくて、前店長を逆恨みしたりもしました。何でもそうですが、そこでしか通用しない仕事に大した価値はないのです。

話が少しそれますが、スタッフもアイテムもお客さんも少なかったシュクレクールの開店時から、バゲット、セーグル、カンパーニュ、セレアル、コンプレ、リュスティックとたくさんの生地を仕込み、ヴィエノワズリーはもちろん、フィユタージュ、シューやサブレ、トレトゥールなど、なるべく幅広い種類の商品を並べていたのは、もちろん地元の岸部のお客さんにいろんなものに触れてもらいたいという思いもありましたが、うちから出た子がなるべく

はごまかせないでしょ？ どれだけ理由づけて自分を正当化したところで、残念ながら自分が一番、自分のこと知っていますからね。

本当に対峙しなきゃいけないのは、目の前の現実より先に、自分自身なんだと思います。何を選べばいいのか、どっちを選べばいいのか、わからなくなるときもありますが、選んだ自分を自分自身が応援してあげられるほうを選びましょうね。選択自体に正解不正解があるわけじゃないので、選んだ道を自分で肯定しながら生きていくしかない。そしたらね、自分のことを応援できない道を歩いても頑張れないでしょ？ 僕は逃げちゃう子と再び会うことはないかもしれませんが、本人に死ぬまでずっと自分自身と一緒に生きていくわけです。辛いかもしれないけど、苦しいかもしれないけど、そこで逃げちゃう自分を「ガンバレ！」って言えるか。そこで踏ん張る自分なら応援できるか。この問いかけが、まぁまぁ正しい道標になったりするのでは。

ただし、「その先」の見えない我慢ならしなくていいですよ。そこは、上司だったり環境だったりが本当にクソかもしれませんから。ちなみに僕は、コロコロ職場を変わっているように見えますが、とりあえず引き継ぎをしなかったお店はありませんし、もう顔を合わせられないようなお店は……あんまりないですよ。

知らないことやできないことが少なくて済むよう、そんな願いがあったからです。僕が味わった悔しさというか歯がゆさを、自分がさせてしまうことだって、同じくらい悔しいことですしね。

話をオープンの日に戻しますね。僕は過度のプレッシャーで三半規管がイカれ、常に頭がグラグラ揺れて平衡感覚がなく、「ミキサーがあるのが前」くらいで、右も左もわからなくなっていました。しんどいとか苦しいとかより、「いや、もう、何これ」って感じです。本気で逃げたいと初めて思った反面、社会人としての「責任」みたいなものを、初めて感じていました。スタッフの人数も多かったことが、「組織の中の一人」という意識を生んでいたのだと思います。

けれども、その仲間が次々と辞めていくんですよね。結局、半年経って残っていたオープニングスタッフは、僕を入れて2、3人じゃなかったかな。まぁ、いろいろありますよね。そんな現状を憂いて、「僕らとシェフと、どっちを取るんですか!?」と身をわきまえず支配人に詰め寄り、「ごめん、わかってるけど今はシェフ」と綺麗に玉砕し、思い残すことなく辞めることになりました。

3軒目はフランス料理のレストランで働きました。なぜパン屋じゃなくてレストランかと言いますと、表向きは「料理とパン」というところに興味があったから。でも実際は、パン屋さんと働きたくなかったから。当時25か26歳、経験5年くらい。でも、ハード系パン歴は1年未満。同世代でも、製パン学校を出てビゴさんやドンクさんで働いていた人とは大きなキャリアの差があり、技術・知識ともに到底勝ち目がない。めちゃめちゃコンプレックスがありましたよ。だから、自ずと比較されない場所を探したんだと思います。周りから見ると、レストランに就職したことは「すげえ攻めてる」と思われたかもしれませんが、実のところは「すげえ逃げてる」だけでした。ただ、人生そんなに甘くないです。簡単には楽させてくれません。逃げ込んだ先が普通にもっとキツいという、まぁまぁ地獄のような日々が始まりました。

いやぁ、本当に参りました。同じ飲食業なんて口が裂けても言えないくらい、意識レベルが違う。コテンパンにされながらも、それなりに乗り越えてきたと思っていた自分が呆然とするくらいの差を感じました。日々入荷される数えきれない種類の食材に囲まれた膨大な仕事。しかもその食材のほとんどはフランス語でやり取りされていて。

「パン屋だからって舐められてたらあかんわ!」、その意地だけはあったんですが、入店早々それが災いとなり、右足首から膝までが腫れ上がり、歩けなくなってしまいました。安全靴を持っておらず、かたい革靴を履いていたら、履き口がコツコツ当たって擦り傷ができ、そこから菌が入ってしまい、医者から「心臓に回ったら危ない」と、1週間の絶対安静を言い渡される羽目になりました。「もっと早く言え!」と怒られましたが、こういうタイミングって難しいですよね。野球部のときからそうでしたが、症状が軽いうちに言えば「根性なし」という時代でもあったし、確かに我慢して頑張ることが鍛えることにつながらないとも限らない。僕はだいたいがオーバーワークにつながり易々と故障していた口です。

結果論にはなりますが、こうして迷惑をかけてしまっては元も子もないです。雇う側に立って改めて思いますが、どんなに駆け出しの子でも、お店にと

っては大事な大事な資本なんです。言いにくいかもしれませんが、壊れないうちに相談しましょうね。「サボろうとしてる」なんて思われるなら、日頃の仕事の姿勢がよっぽど悪いのかアホな上司か、どちらかです。

　ここでの会話は、フランス料理用語に有名店やシェフの名前など、パン屋にとっては知らないことばかり。食べに行きゃいいんですけど、そんなお金はありません。会話についていこうと通勤電車の中で、重たいフランス語の辞書や料理の本を開き、2行くらいで寝落ちするのが習慣になっていましたが……。妹に、「なんで読まないのに持っていくの？」と普通に聞かれたときには、ぐうの音も出なかったです。

　でも、「この人たちと"同業者"にならなきゃ」って、明確に意識し始めました。レストランに入る前に、「料理人はパン職人を下に見てるから」と、あっちこっちから言われましたが、下に見られているというより、同じ立ち位置に立っていないパン職人の自業自得なんじゃないの？と感じました。現に、すでにレストランの評価は「店」より「人」でした。「どこどこの誰々」ではなくて、「誰々のどこどこ」。箱よりキャラクターの時代になっていたんです。パティスリーにもその兆しがありましたが、例外の数店を除いて、菓子屋はレストランの10年遅れ、パン屋はさらに10年遅れ、という印象を受けました。そんな20年の遅れがあるのに、それを自覚して埋めようとしなければ、同じ目線で接せられるわけも、接してもらえるわけもありません。「もっとやらなきゃ、彼らはこんなもんじゃない」。その後の修業先でも、フランスに渡ったときでも、常にそれを思って働いていました。

　このレストランは、キュイジニエにソムリエ、パティシエール、そしてブーランジェの僕が入ったことで、小さなチームながらもスペシャリストの集団となりました。料理と共に提供されるパンを、料理と同じ場所で作り提供するという体験。ブリオッシュを仕込んでいる作業台の真ん前で、ガス3発焚かれてベタベタになるなんてことも珍しくない小さな厨房でしたが、同じ店の同じチームとして同じテーブルを構成させてもらえた環境は、本当にエキサイティングでした。

　小さなブティックも併設していたので、朝一で出社した僕とパティシエールは、猪（六甲の麓だったので出るんです）にぶちまけられたゴミ箱を片付けることから始まり、ブティックに並べるパンとお菓子を、決して大きくない作業台を半分コずつ使いながら作ったものです。打ち粉は散らかさないよう、かなり神経を遣いました。パン屋にとっては小麦粉ですが、キュイジニエにとっては埃ですから。そういえば、台下の冷蔵庫に入れて帰った生地を取り出すときに、キュイジニエが長時間かけて仕上げているのを目の当たりにしているフォンをぶちまけて、失神しそうになったこともありました。

　ソムリエ兼メートル・ド・テルの仕事ぶりを見たり直接教わったりしたことも、お店の人と顔を合わせるのはレジくらいだったパン屋にとって、目から鱗なことの連続でした。休憩時間に僕が寝ている公園のベンチにわざわざ来て、「サービスとはね」みたいな話をしてくれたこともあったっけ。当時は「うわ、また来た！」みたいに内心思っていましたが、振り返ると貴重な個別指導だったと思います。

　半年しかいなかったのにおこがましいですけど、

Vanité

このレストランで働いていた人たちが、修業時代の数少ない「同僚」だと思える人たちです。キュイジニエの二人とは、申し合わせしたわけではないのに渡仏時期が重なり、そこで一緒に食事に行ったり、なかなか日本では話せなかった濃い熱い話をしたり。今は、一人はビストロ、一人はレストランを同じ大阪で営んでいます。ありがたいことに僕のパンを使ってくれています。パティシエールは、結婚後、旦那さんとパティスリーを開き、幸せ太りでパンパンです。僕が辞めた後に入った未経験の子も、実家の横を改装し、小さなパン屋さんを開きました。唯一近況がわからないソムリエも、この店の後には六本木にバーを開くなど、なんだかんだでみんな開業しているという、なかなかハートの強い面々だったように思います。

彼らとの「出逢い」は僕にとってかけがえのない宝物です。

Vanité｜ハリボテ

レストランで働いた後、知人から声をかけていただき、26歳でパン屋の立ち上げを任されることになりました。早い段階から店作りに参加させてもらって、自分の店のように頑張ったつもりです。ただ、人は変わらないものですね。高校の野球部時代と、同じような過ちを犯してしまいました。

僕が通った高校の野球部は、よくわからず入ったわりにはそれなりに強いチームでした。新入生のときの3年生は、うっかり甲子園に出てしまいそうなくらいで（大阪大会ベスト4）、「エラいとこ入ってしまった……」と焦ったものです。願わくば、楽にレギュラー取れるように、くらいの魂胆でしたから。僕は、今でこそ身長183㎝ありますが、高校入学までは真ん中くらい。ポジションは内野手で、主にショートを守っていました。肩だけは自信あったんです。フットワークも何も、「捕りさえすれば刺せるやろ」ってな考えでした。

高1の夏が終わると、3年生が引退し2年生中心の新しいチームが始まります。たぶん、そのあたりから徐々に始まっていたんでしょうね、「成長期」ってやつが。勝手にボールが浮くんです。遠投でも落ちない。そんなとき、バッティングピッチャーをしていた僕に監督から声がかかりました。「ピッチャーやってみいへんか？」。野球をやっている者からすると、やはり憧れのポジションでもあるので、わりと安直に引き受けました。

成長期の自覚がなかった僕も、ひと冬を越えた運動能力の変化には驚きました。冬の間はあまりボールを持たず、厳しい基礎トレーニングが多いのですが、そこに成長期の身体的変化が重なって、球速は目に見えて速くなり、気づいたら、身長も10㎝ほど伸びて180を超えていました。……って、「何の話やねん！」ですよね（笑）。もうしばらくお付き合いください。

僕は、監督の顔色ばかりうかがって投げていた気がします。「結果はともかく、あとは勝負するだけ」という状況に、自分を持っていけてなかった。マウンドに上がるまでにすべきことを、やりきっていなかったんですね。悪い結果ばかり気にするだけで、目の前の一球一球に集中できていなかった。「自信」って、ややもすれば「おごり」に近い感覚で取られますが、読んで字の如く「自らを信じる力」な

んだと思うんです。それが、まったくなかった。自分に信じてもらえるほど、自分を追い込んでもいなかった。しっかり練習をしてきた打者と、勝負になるわけありません。「準備に失敗するものは、失敗を準備するようなもの」、これ誰に聞いたんだったっけ……納得いかない準備は、たとえ結果がたまたま良かったとしても、しょせんはその場しのぎ。周りはごまかせても、自分自身はごまかせないものです。

あるとき、練習試合で後輩がふわっと投げた一塁への牽制球。その一球を見た瞬間、「あ……勝てないや」と思ってしまった。誰もが次の一球に集中していたとき、その子は冷静でした。僕も小学生の頃にピッチャー齧ったことあるので、さすがに牽制球くらいはできます。それが、しなやかでした。所作とでも言うんでしょうか。美しかったですね。考えてやってないんですよ。呼吸のような感じ。自分のほうがまだイケてると思っていた、コンバートされて半年の僕と、小学生からずっとエースで試合に出続けた人間との経験の差を見せつけられました。その子は後に1学年飛び越えてエースになり、カッコ悪さを隠すように強がり続けた無様な先輩は、エース待遇から坂を転げ落ちるように、そのまま高校野球を終えるのでした。

後悔、しましたよ。クソ後悔しました。でも、それに気づかされたのは、最後の試合が終わって帰宅したとき。出迎えてくれた母親が、ひとまず3年間を労ってくれた後にふと漏らした、「入場行進、見たかったな……」という一言でした。

電気が流れた気がするくらい目が覚めました。それまでの僕は、心に蓋をして、ハリボテで身体を覆っていました。「頑張っても下手なのに、何してんの？」、そう思われることが恥ずかしかったから。

頑張る理由なんてないでしょ、どうせ投手経験の浅い僕なんて敵わないんだし、と。

それがね、あったんです、こんなに身近に頑張れる理由が。ふてくされて下を向いていたから、差し伸べてくれている手すら見えなくなっていました。もし僕に、それでも顔を上げて頑張る強さや素直さがあれば、きっと気づけたはずでした。母親の一言は、僕の心の蓋を外しました。ずっと閉じ込めていた僕の感情は一気に放たれ、情けなさと悔しさは無念を通り越して爆発し、風呂場に駆け込んで声をあげて泣きじゃくりました。

毎日毎日、お弁当を作ってくれ、ドロドロのユニフォームを洗濯してくれ、何も言わず野球に打ち込ませてくれた母親に、僕は何も報いることができなかった。自分のことだけしか考えられず、そこに想いを馳せることすらできなかった。監督さんやチームの仲間に応える以前の問題。不甲斐なかった。必死に挑んでできないことが恥ずかしいのではなく、言い訳してやらないことのほうがどれほど恥ずかしいことなのか。こんなことはもう二度と繰り返さない！ そう思ったはずだったんですけどね。

その店は、ハード系のパンとヴィエノワズリー、パティシエが作ったお菓子が並ぶという形態。美味しいパンがあって、美味しいお菓子があって、そういう店に淡い憧れがあったように思います。僕は店長として声をかけてもらったものの、それは働いていた店が評価されただけであって、実際はできないことや、わからないことだらけ。それを見透かされることに怯え、周りに頼る素直さもなく、「レストランではこうだった」などと、自分ではない何かに正論を押しつける。そして孤立していくのを感じなが

らも、そこにもまた意地を張り、結局、絵に描いたように一人で背負い込むことになっていきます。

機材が揃い、やっと厨房が使えるようになったのがオープン3日前。そこから一人、3日間ぶっ通しの徹夜作業。そんな大事な時期に、誰も残ってくれなかったことが、もうチームとして成立していなかった証拠です。僕自身も、知らず知らずのうちに「オープンすること」が目的になっていました。

ご近所さんへの折り込みチラシの効果もあってか、初日は目を疑うほどの長蛇の列。何を出しても売れていく。滑り出しは順調のように思えました。

ただ、僕はもう、思考も体力も限界に達していました。完全にキャパオーバー。意識が朦朧とする中、「すみません。シャワーだけ浴びに帰ってもいいですか？」。どうにかしていったんリセットしたかった。

そして、店から家までの帰り道、赤信号待ちの普通車にノーブレーキで突っ込みました。4車線の道路の半分を占める事故でした。「前がトラックやったら首飛んどるで！」と警察官。ボンネットはつぶれ、フロントガラスが飛び散った会社の車は廃車に。駆けつけてくれたオーナーは「働かせすぎやろ！？」と、怒られていました。関係ない方にもオーナーにも、取り返しのつかない迷惑をかけました。

そんな状況にありながら、取り調べ中も寝てしまい、「こんなやつおらんで」と、半ば同情されていたようです。搬送先の病院でも寝ていることが多く、精密検査の日取りを言われたことすら覚えておらず、不安を抱きながらも、幸い外傷は大したことなかったので、コルセットを首に巻き、3日ほどで店に向かいました。自分の身体のことより、店を離れた罪悪感しかありませんでした。

が、そこで待ち構えていた現状は、入り口ですれ違ったお客さんの、「よそと大して変わらんやん」の声がすべてでした。店内に目をやると、ウインナーロールやらポテトサラダパン、ツナハムなんとか等、まるで別の店に変わり果てていました。慌てて厨房をのぞいたときにかけられた言葉は、「こっちは店回さないといけないんですから」でした。

まだ僕しかできないパンも確かにたくさんありました。やったことのないパンを作れとも思わないし、初日で離脱した僕の責任は何より重い。だからといって、こうも商品が変わるのかと愕然としましたが、スタッフを惹きつけるような確固たる想いなど、ハナからなかったのかもしれません。「大丈夫ですか？もう出てきていいんですか？」、そんな言葉の一つもかけられると思っていた自分の甘ちゃんぷりにも、情けなくて悔しくて、涙が止まらない帰り道でした。

こうして、オーナーの期待も根こそぎ裏切り、自分が捧げた時間のすべてがなかったことになってしまいました。誰でもできるようなお店を、徹夜して、事故まで起こして作った、単なるお騒がせ店長でした。

ハリボテの183cmの身体はパカッと割れて、空っぽの身体の中にいた小さな小さな自分と目が合いました。ずっと目を合わせてこなかった自分です。なんともまあ、怯えたような情けない顔してますわ。本当は、ここを鍛えてやんなきゃいけなかったんですよね。わかってはいたんですけど、できなかったんです。高校のときと同じでした。結局、できない自分を晒せなかった。自分すら納得させられないやつが、周りを納得させられるわけありません。

ただ、これで2度目です。失笑するしかないです。

Décision

今までいったい何をやってきたんだか。「あーーーあ」です。でも、この小さな小さな自分を、いい加減大きくしてやらないと、いつまで経っても変わらない。何も始まらないし積み重ならない。

「もうハリボテはやめよう。虚栄の偶像では何も残らない」

できないものはできるようになっていけばいいし、知らないものは知っていけばいい。ただそれだけのこと。バカにされても、嘘つくよりマシです。等身大の自分で、無理せず生きていこう。

ただ、このときはまだ、本当のポジティブというより若干、開き直りによる自暴自棄的な感覚でした。信頼もなくして、残ったのは役割による形だけの責任者。せめて、その責任くらいはまっとうしなきゃと、次の日からも店に行きました。やりたいパンもなく、思い描いた店でもない場所へ。でも、すべては自業自得です。巻き込まれた周りがいい迷惑です。「いったい、何年いれば返せるのかなぁ」と、ただただ償いのための日々を送るだけでした。

でも、こうして生きていくんだと、半分覚悟は決めていました。

Décision｜決心

事故後、その店はちょっと色々ありまして、半年くらいで全員解雇になりました。いやもう正直言って「死ぬほど申し訳ない」が2割、「棚からぼた餅的な知らせに喜びが隠しきれない」が8割。事故を起こして会社の車も廃車にしてしまった僕は、閉店になるか、「もういいよ」ってクビになる以外、自分から辞めるなんて口が裂けても言えません。でも、もうここでの僕は、申し訳ないですが目的もやり甲斐も見失った、もぬけの殻のボロ雑巾状態。すべては自分の認識の甘さや力不足が原因であり、それを明確に知ることができたのはありがたかったですけど、パンへの情熱は消えかかっていました。

その当時、世間ではイタリアンがめちゃくちゃ盛り上がっていました。イタリア帰りのシェフがもてはやされ、料理雑誌などの誌面を飾り、「本場仕込み」にお客さんも群がっている状態。反面、僕らの世界はというと「本場の」と謳えば謳うほど、「かたいんやろ？よう噛まんわ」と、消費者からかけ離れていくイメージ。じゃあ、どこに向かっていけばいいんだろう。本質に向かえば向かうほど敬遠される職業を続けるくらいなら、いっそのことイタリアンにでも転向しようかと本気で考えていました。イタリアンを軽く見ていたわけではありません。ただ、フレンチよりは甘いんちゃうかとは思っていましたけども（笑）。

そんなときに「辞める前に1回、行ってみるだけ行ってみいへん？　オープン前のパン屋で、僕の知り合いがシェフやるんやけど、人探してんねん。なんでも、パリの有名店と提携してるみたいで」。そう勧めてくれたのは、一緒に働いていたパティシエさんでした。

胡散臭い話なんじゃないかと疑いながらも、「せっかく声かけてくれたんだし、行くだけ行ってみるか。でも、ここでダメだったら潔くパンは辞めよう」と訪れたのは、大阪市大正区（大阪ドームのある町です）の外れにある倉庫でした。半信半疑で足を踏み入れた倉庫内には、見たことのないクオリティのパンが並び、嗅いだことがないくらい芳しい香りが、フランスから輸入された機材で揃えられた厨房を包

んでいました。ここは、パリの「メゾンカイザー」と業務提携をしたお店のセントラルキッチン。僕は正直、そのお店を知りませんでした。

勧められるがまま口にしてみると、複雑な風味が口中に広がっていく。弾けるように鼻腔から小麦の風味が抜けていく。さんざんパンを食べてきた僕ですが、今までに食べたことのないその味に、強烈な衝撃を受けました。このパンが、まだ世に出ていないなんて。まるで宝物を見つけたかのように心が躍りました。

「自分が生きていくにはこれしかない！ なんていうチャンスが巡ってきたんだ！」。大袈裟に聞こえるかもしれませんが、本当に千載一遇のチャンスだと思いました。「モノにできるかできないかで、自分の人生が大きく変わる」、そう思った僕は、もう一度、パン職人として働くことを決意しました。このパンに、賭けてみようと思ったんです。

生みの親であるエリック・カイザーに初めて会ったのは、僕が仕事前に立ち寄った事務所でした。来日したことを知らず、その後ろ姿だけ見て、「金髪のヤンキーが面接受けに来てる」。そう思ったら気さくなフランス人でした（笑）。

また、調整のためにパリ本店のシェフ、ジョン・クリストフが3カ月滞在していました。言わば初めて会った現役バリバリのメジャーリーガーみたいなんです。彼からは、技術はもちろんのこと、何て言うんですかね……その気概というか覚悟、背負っているものの大きさや誇りみたいなもの、理屈抜きに、この仕事は生涯をかける価値のあるものだと感じました。酔っ払うと食事先の店の女の子を追いかけ回すこと以外は、本当にカッコいい職人でした。

そして、初めて「師匠」と呼べる方との出逢いもありました。現「PARIS-h」（パリ-アッシュ）の天野尚道シェフです。と言っても、天野シェフはパティシエとして修業されてきて、ご自身の独立の際に、「パティスリーにも本格的なパンを並べたい」という思いでこのプロジェクトに参加されていたので、ちゃんとパンをやるのはこの会社が初めて。なので、天野シェフからパンを学んだというわけではないのですが、それよりもっと大切なことを、シェフから学びました。それは、「たぎるような想い」でした。温和で優しい印象の天野シェフ、それがフランス菓子の話になると一変します。ほとんど無知な僕の問いに対し、嫌な顔一つせずに返してくれたシェフの言葉には、静かですが溢れ出すようなフランス菓子への情熱と敬意が、そして深い造詣に裏打ちされた技術と経験によって生み出されたお菓子からは、何より、ただひたすらフランスへの「愛」を感じました。心が震えるほど、強く、深い「愛」でした。

では、自分はどうだろう。僕はいったい、何を語れるのだろう。今まで僕の口から放たれた言葉たちに、どれだけの熱量があっただろう。僕は何を基にパンを想い、何を基にパンを作ってきたんだろう。僕はパンを通じて誰に何を伝えられているんだろう……。「僕も、天野シェフみたいな職人になりたい」。彼への憧れは、いつしかフランスへの憧れとつながっていきました。

ようやく物件も決まりオープンに漕ぎ着けた半年後、僕はまたこの会社を去ることになります。投資に見合う回収ができなかったんです。今思うと、やはり早過ぎた感は否めません。本格的なブーランジュリもほとんどないのに、いきなり粉までフラン

スのお店と同じパン屋が関西に登場したのです。そして、残念なことに、関西にはそういう「新たな価値」を忍耐強くじっくり育てていくような文化はありません。売れなければ早々に見切りをつけられます。こっちとしては「そんな早く結果が出るもんでもないでしょうに」とも思いますが、「良いもの」より「売れるもの」が正義です。現場シェフは変わり、粉の輸入はストップし、あっという間に「日本的なパン屋さん」へと移行していきました。

　ただ今回は、このままでは引き下がれません。短期間ながら大事なポジションを任せてもらい、たくさんパンに触れさせてもらえたので、今のままでも何となく「ぽい」ものは作れるんだとは思いますが、「これで生きていく」と決めたものが「ぽい」ものだなんて、結局は今までと変わらないじゃないですか。

　本質に触れたい。自分の手でつかみたい。いや、つかまなきゃ。自分で信じたものくらい自分の中に徹底的に叩き込みたい。中途半端に生きてきた自分自身をどうにかして乗り越えたい。できの悪い僕が今後もこの業界で闘っていくつもりなら、落ちこぼれの僕がここからすべてを覆そうと思うなら、もうこのカードを引くしか術はなかったんです。

　会社を辞める直前、たまたまかかってきたパリからの電話に思わず「そっちへ行ってもいいですか？」と聞いている自分がいました。

　渡仏の条件はビザの取得でした。「紙なし」と言われる、就労資格を持たない日本人の労働も少なくありませんでした。しかし、見つかると働き先に多大な迷惑がかかってしまいます。小さな個人店などでは上手くやってくれるところもまだありましたが、しっかりした会社であったカイザーのお店では必須条件でした。ちょうどその頃、フランスのワーキングホリデーが始まったところで、まだ年間500名くらいの狭き門でしたが、就労も可能なこのビザの申請のため、大使館に足しげく通い、働き先が決まっていること、そこで学んだフランスの文化を日本に広めたいという想いの丈を、申請用紙の裏にびっしり綴り、幸いにも取得することができました。

　そこから渡仏までの1年は、うっすらとしか記憶がありません。渡仏資金と日本に残す家族の生活費の捻出のため、労働時間の長いパンの職からいったん離れ、平均2時間の睡眠時間で1日二つの仕事をかけ持ちする生活です。記憶が薄いのは、あまりに辛すぎて幽体離脱というか現実逃避していたんだと思います。北新地でワインクーラーに並々と注がれたドンペリを飲み干したり、打ったこともないパチンコ屋さんで10代の子らに交じって玉を運んだり、串カツ屋さんで具材に串を刺し続けたり……。朝から晩までというか、場合によっては朝から朝まで働きました。

　とくに北新地で思いがけずすることになった黒服の仕事が嫌で嫌で。僕は話したい人としか話さないし、話したいことしか話せません。ママクラスの方に深く腰を下ろされ、「疲れてるから、なんか面白いこと喋って」とか言われるのが本当に地獄でした。それならテキーラ煽っているほうがよっぽど楽でした。

　ただ、仲間には恵まれ、お客さんからもいろんな人生を垣間見させてもらいました。そのどれもが濃く太く、エネルギーに満ち溢れていた気がします。素人の女性がまだほとんど歩いていなかった、当時の北新地。完全女性上位の世界の中で、時には犬やロボット以下の扱いをされながらも、みんな夢を

Je suis boulanger

Je suis boulanger ｜ 僕は、ブーランジェです

　フランスは、僕にとって初めて行く海外でもありました。右も左もわからない、言葉もわからない、おまけに目的地の住所もわかっていないことに気づいたのは、シャルル・ド・ゴール空港に着いてから。さすがに血の気が引きました。「この広いパリで、どうやって1軒の店に辿り着けっていうんや……」。日本での、おぼろげな「パリのお店って、どの辺にあるんですか？」「この辺かなぁ」という会話の記憶を辿り、そのやり取りの際に指差されたと思われる「真ん中の下ら辺」を目がけてRER（首都圏高速鉄道）に飛び乗り、パンの名前についていた「通り」の名前を頼りに店を探しました。

　石畳で車輪が壊れるんじゃないかと思うくらいのガタガタやかましいスーツケースの音をBGMに、写真でしか見たことがなかったカフェやブラッスリーのある景色、当たり前のようにたくさんのバゲットが並ぶブーランジュリ、たぶんこれがセーヌなんだろうと思わしき川を横目に、鼓動は高鳴るばかりでした。

　「真ん中下ら辺」の狙いと「エクスキュゼモワ」を連発した結果、空港に着いた4時半から3時間後、目的のお店の前に到着しました。空港からだけでなく、ここに来るためだけに1年間、時間も労力も費やしてきた「目的地」です。ずっとパンに触っていないことや、ほとんど喋れない言葉の不安なんかも忘れ、「ここからまた始まる」との思いをじんわり噛み締めました。ただ、「憧れの地」とばかりも言ってはいられません。何が通用して、何が足らないのか、職人としての自分の力も確かめなければいけません。そして、ここまで来て「結果として何も持

持って必死で生きている姿は、ふと「いったい、何してんだろ……」って思う気持ちを、奮い立たせてもらったものです。

　その後、黒服から青いツナギがメインコスチュームになり、トラックを運転する毎日を送っていたある日、お世話になるはずだったパリのお店との連絡が取れなくなりました。相手は、お店の事務職を手伝い、通訳としても来日した現地在住の日本人女性です。

　2日経っても、1週間、2週間経っても、連絡がきません。直接、店に電話しようにも、顔の見えない相手に困っていることを説明できるほどの語学力は持ち合わせていません。その頃の僕は、ひらひら飛んでいる蝶々を目で追っているだけで、「ツーー」と知らぬ間に涙が流れているくらい、肉体的にも精神的にもギリギリでした。だから、今をつなぐ意味でも、パリとつながる意味でも、唯一の希望の綱がスルスルと手から離れていってしまうかのような喪失感でした。

　やがて、ひと月あまりが過ぎ、半ば諦めに近い感情に変わり始めた頃、「バカンスだったんだから仕方がないじゃない」の一言で連絡が復活。何もなかったかのように、フランス行きが正式に決まりました。

　いや、もう「いやったああああ！！！！！」ですよ。もう「よっしゃあああああ！！！！！」ですよ。ただ、待ちに待っていたはずのこの瞬間に込み上げてきた喜びは、「フランスに行ける！」ではなく、圧倒的に「やっとこの生活から抜け出せる！」でしたけれど。

って帰れなかった」なんてエンディングは、絶対にあってはならないことでした。

カイザーとの再会は彼の事務所で、やたら忙しそうに電話をかけまくっていました。「本当に来るとは思わなかった！」と、僕の住む家を探していたそうです（笑）。いやいや、笑いごとではなくて、住むところがあるって言うから、こっちは15万円の手持ちだけ。何とかしてもらわないと生活していけません。とりあえず、挨拶代わりに軽く借金することからパリでの暮らしがスタートしました。「店の真上の屋根裏部屋」と聞いていたのが、徒歩30分とわりと遠目の、めちゃめちゃアップダウンの激しい坂の向こうの宿から通うことになりました。

翌日、厨房に入ってまず驚いたのは、そこで何を作っているのか、次に何をするのかが、おおよそ理解できたことでした。本当ならば、まずこの段階にくるまでに、言葉の壁を越えて理解しなければいけないことがたくさんあったはずです。提携先とはいえ日本で作っていたパンがいかに忠実に再現されていたものだったかを再認識しました。

ただ、圧倒的に違ったのは、扱う量とスピード。バゲットだけで1日2000本。当然、他にもたくさんのパンがある中の2000本です。超人気のクロワッサンなどは、もはや何個作っているのかわかりません。それらの数をこなさなきゃいけないこともあってか、多少の見栄えの悪さは気にせず、とにかく速い。それでいて、やたらとよく喋る。ずっとパンを作って、ずっと喋っている。全然バテない。身体に積んでいるエンジンのデカさが、そもそも違うんです。

そんな信じられない量をこなす彼らの「良い職人」とは、「短時間で何個のパンを作れるか」、つまり生産量の多いやつが優れているという評価です。そりゃそうですよね、主食としてフランス人の胃袋を支えているんですから、ちまちま作っていても追いつきません。

じゃあ、雑な仕事の彼らのパンが不味いのかというと、面食らうくらい美味しい。街を歩いていて、どう見ても失敗だと思うパンを食べてみても、美味しくてガッカリしてしまう。真面目にやっている自分たちがバカらしくなると言うか、素材の力の圧倒的な差はどうしようもないのかな、と思わず嘆いてしまいます。

本国フランスと僕らでは、仕事に対するモチベーションも違えば、パン職人そのものの価値も違う。何を大事に働くのかも、生地との接し方もまるで違う。ただ、「良い仕事」という点では、絶対万国共通なんです。「速くて丁寧」、それさえ高いレベルでできれば誰にも文句言われることはないわけです。果たして、それができるのか、身につけられるのか、納得させることができるのか。

スピードにまったく追いつけず、量の多さにへばったり、会話もままならなかったりの中で、僕の支えになっていたのは、「フランス人の2倍働いて同等。3倍働いて、やっと彼らを使うことができる」という、関西空港の本屋さんで何気なく手にした料理雑誌の中で語られていたシェフの言葉でした。「まだまだ倍もやれてないんだから、同等でないのも仕方ない。日本に帰るまでに、ここを仕切るくらいにまでならないと、通用したなんてとてもじゃないけど言えない！」。異文化の土地で働く厳しさと覚悟の込められたこの言葉で、常に自分を鼓舞していました。

ありがたいことに、仕事ができるやつは認めてくれる国です。スピードに慣れてくると、やろうと思っても彼らほど雑にはできない仕事が身についている

おかげで「アユムは、綺麗で速い」となるわけです。2カ月後には「お前の仕事でこの給料は安すぎる！」と同僚が賃上げ交渉してくれ（日本に帰らされるからやめてくれと頼みましたが、結果200ユーロ上がりました）、その後はどんどん仕事を任されるようになり、いつの間にか新人の教育係にもなり、フランス人を使って、厨房を仕切れるようにもなりました。全部とは言えずとも、与えられている範囲の仕事なら、同等以上に働けるようになったと思います。

人気店だったので、いつもお客さんが途切れることはなく、その中でも「あ、また来てくれてる」、そう思う人の数が、めちゃくちゃ多い。パリの人たちは、わざわざ遠くまでパンを買いに行くことはあまりなく、職場の近くや家の近く、お気に入りの店にその日食べる分のパンを買いに行く。これが「日常の中にパンが当たり前にある」ということなんですよね。頭ではわかっていたことですが、新鮮な驚きでした。

そんなある日、思ったんです。毎日来るお客さんが、毎日ハッピーでいてくれたらいいですが、そうとは限らないなって。怒ったり、泣いたり、笑ったり、苦しんだり、辛かったり、楽しかったり……当然たくさんの感情が散りばめられています。でも、パンは食糧なので、ここでは生きるために毎日食べてもらえる。感情の浮き沈みのすべてに寄り添い支えることができるんです。落ち込んで涙が止まらないとき、それでもお腹が空いて口にしたパンの切れ端が、笑っちゃうくらい美味しかったとしたら、その悲しみの数パーセントくらいは和らげてあげられるかもしれない。そんなパンが焼けたら、そんなふうに役に立ったら、これはとんでもなく素晴らしい仕事じゃないか！って、初めて気づいたんです。

その背景には、喜びの場で食べてもらえる「パティシエ」という仕事にずっと嫉妬していたことがありました。いつも笑顔の中で食べてもらえる、華やかで素晴らしい仕事です。片や僕らは地味で華やかさがない。なので、尊敬もしますが、嫉妬もしていました。でも、それももうなくなりそうです。日常に寄り添うということは、人生に寄り添えることなのですから。

こうして実際に暮らしてみて、気づくこと、感じることが、僕にとっては厨房での技術の習得以上に、すごく大きかった気がします。技術的なことは、おそらく日本のほうが平均値は高いです。目で見えること以外に、何を持って帰れるのかは、なかなか狙って得られるものではありません。

パリに着いてしばらくした頃、街を歩いているときに、ふと「お前は何者だ？」と聞かれた気がしたんです。主張のハッキリとしたフランス人に囲まれ、自信のない自分の心が浮き彫りになっていたからかもしれません。その問いに、僕は答えられませんでした。

その後、日々の流れに忙殺されながらも、なんとか食らいつき、仕事も生活も楽しめるようになり、日本から引きずっていたものが吹っ切れてきた。心も頭もシンプルになってきました。対人関係でも、何を考えているかわからない日本人より、嫌なら嫌だとハッキリ言ってくれるフランス人のほうが、僕には合ったんだとも思います。言葉が通じないストレスなんかより、心が通じないストレスのほうが何倍もしんどいですから。

帰国が近づいてきたある日、またふと問われた気がしたんです。「お前は何者だ？」って。その時、"Je suis boulanger"（僕は、ブーランジェです）と、自然に答えられました。それは厨房でしっかり働け

Naissance

Naissance｜誕生

　もっと長くいたいという後ろ髪を引かれる想いはありましたが、限られた時間の中で「やり切った」という充足感を得ての帰国。だったのですが、関西空港に着いた途端、「あ、帰って来ちゃった」と、現実に引き戻されました。やりたいことを存分にやっていればよかったフランスにいる間、日本では自分に需要がないということを忘れていたんです。でも、結局これなんですよね、帰って来ることにした理由は。僕がいなくても成立する場所には、職人としての存在意義はないと感じます。そして「選択肢が二つあるときは難しいほう」、これ、有無を言わさぬ僕の中のルールでもありました。

　帰国してすぐ、大阪の会社にお世話になりましたが、ここでもまた、すったもんだありまくって半年で辞めることに。次にまた別のお仕事のオファーをいただいたんですが、その話が一向に進まず、働きにも出られない自宅待機の状態に痺れを切らして、「物件探しごっこ」を始めたんです。地元を原付きや車で走りながら、「こんなとこいいなあ」とかいう遊びです。チラシの間取りを見て、「俺の部屋、ここ！」って言ってるやつのアウトドア版です。でも、動いてみるもんですね。直接足を運んでいるうちに「独立」の二文字がリアルに見えてくるようになりました。

　ということで、「もし独立するなら、どこでやるの？」という仮説を立ててみました。そこは迷うことなく「地元一択」でした。理由は、「生活圏でパンを焼きたいから」。パリで一緒に働いていた友人が、生まれ育ったサヴォワのアヌシーに帰ったときに遊びに行ったんです。あっちこっちで顔馴染みに

たという自負もありましたが、そんなことよりも、暮らさなきゃ感じられなかった文化や歴史、それらと共に歩んできたパン屋の役割や存在意義、そして一緒に働いた職人たちから滲み出る気概やつながれてきた職業としての系譜といったことが、ブーランジェとしての僕を産んでくれたのだと思います。

　フランスは、僕が人生をかけて育てていける、優良な種を心にたくさん蒔いてくれました。花束を買って帰り、「これが今のフランスです」なんてことをしても、すぐに枯れてしまう。もらった種に水をやり養分を与え、しっかり育てて芽を出させ、倒れない根を張り、曲がらない太い幹を作り、願わくば、花を咲かせ実をつけられるように生きることがフランスへの恩返しだと思っています。

　フランスが僕に大きな報酬を与えてくれたのは、フランス行きを実現するために、自分が思っている何倍も頑張ったからだと思います。以来、捧げた代償の大きさを、得た報酬の大きさから測るようになりました。それまでは、どこか自分を基準にして「精一杯やった」と思っていたところがありましたが、報酬が少ないのは「頑張ってるのに周りが評価してくれない」ではなく、「周りが評価してくれるほど頑張れていなかった」が、抗えない現実です。報酬が少ないことを嘆くよりも、それはきっとそこまでしか代償を捧げられなかったんだと思うようになりました。

　「最善を尽くす努力」なのか「成果をつかむ努力」なのか、同じ努力でもその差は決定的であることも、気づかせてもらえました。

声をかけられ、イキイキしている彼の顔を見て、暮らしている街で、暮らしている人のためにパンを焼くことが自然なんじゃないか、という想いを抱きました。僕自身が店を転々として、住んでいる街でパンを焼いたことがなかったことも背景にあったと思います。

　地元「吹田市」の家賃相場は、坪単価約1万円。20坪くらい欲しいとなると、20万円プラス保証金200～300万円くらいなんだそう。国民生活金融公庫の新規事業応援プラン的なやつで借りられる金額が、マックス1000万円ほど。ってことは、何も買わなくても300万円は保証金で消えてしまうわけです。店舗や厨房の工事からオーブンを含む機材購入、家具やら何やらまでを、残り700万円で済ませなきゃいけないわけです。これでも大阪市内の半額くらいだと聞くと、どの道、郊外でやるより他なかったことを改めて思い知らされます。それどころか、その中でも「やりたい場所」より「やれる場所」を探さなければ、急に思い立った自己資金もない男が店を始められるほど甘くはないとわかりました。

　そんなある日、折り込み広告に載っていた物件を見に行く途中、左折のウィンカーを出しながら待つ交差点から、古びたシャッターに貼ってある「貸物件」の字が目につきました。「あれ？あんなとこに貸物件あったっけ？」。進行方向と逆だったので一瞬迷いましたが、シラミつぶしに探さなきゃいけない無職の身分です。すぐさま向きを変えました。まさか、これが運命の出逢いになろうとは。

　5階建てのマンションの1階の路面店、19坪の店舗の家賃が月10万円、保証金30万円。「いや、探してるのはマンションのほうじゃなくて……」、そう言いそうになった自分の言葉をとっさに飲み込みました。もし間違いじゃなければ、とんだ掘り出し物件です。もはや金額しか見えていませんでしたが、「僕でもやれそう」と初めて希望が見えました。仮にうっかり間違えて提示されているのなら、「気づかないうちに契約してしまおう」というゲスい考えが頭をもたげたんです。店舗物件としてはありえないこの条件は、神様が哀れに思って差し出してくれた救済措置に違いありません。誰かに見つけられることを警戒した僕は、めちゃめちゃ契約しそうな雰囲気を醸し出して、とりあえずシャッターの貼り紙を剥がしてもらうようお願いしました。我ながら姑息な手段だと思いますが、勝手に200万も節約できる物件を易々と手放すわけにはいきません。これで、ただシャッターが閉まっているだけの物件のでき上がりです。しめしめです。

　金銭的に大きなアドバンテージを持つ物件に出逢えたので、独立は一気に現実味を増しました。次は資金です。先立つものがないので相談に行った国金さんに、「……お金ないのに、なんでお店やろうと思ったんですか？」って、真顔で聞かれた衝撃ったらなかったです。「え！？お金なかったら、やったらいけないんですか？」と、啖呵を切った僕は、相当な世間知らずでしたね。「お金あったらわざわざ借りにきませんやん！」くらいの勢いです。単純に、お金のない人に貸す機関だと思っていましたが、向こうもビジネスです。何の信用もない相手にポンと貸すわけありません。じゃあ何か信用に変わる実績があるかというと、それもない。

　これまで、6店舗にお世話になりましたが、思い描く形になった店は1軒もないんです。上手くいかなければ簡単に方針が変わってしまうことに納得がいかず、そのつど職場を転々としてきました。でも、

僕もプロジェクトに関わる一員ではあったわけです。こうして独立への手順を踏んでみて、改めて簡単に店ができるわけではないことを知っていくと、自分も導く力がなかったことを棚に上げて、思うようにいかない現実を店側の責任だと押しつけていたような気もします。どの店も、ベストは尽くしたとは思いますが、用意してもらった場所でやらせてもらっていただけという甘さは拭い去れません。リスクも負わず文句ばっかり言っていた僕を、各店、各社、関係者のみなさま、どうか若気の至りだと水に流してやってくださいませ。

声がかかっていた案件も先行き不透明であてにならず、物件探しもくるところまできてしまい、「こりゃ本当に店をやることになるのかなぁ」と思い始めた頃、何気に聴いていた、リリースされたばかりの、Mr.Children『蘇生』の歌詞に「ハッ！」としました。「叶いもしない夢を見るのは、もう止めにすることにしたんだから、今度はこのさえない現実を、夢みたいに塗り替えればいいさ」……それはもはや、桜井さんが「思うようにいかない現実を、誰かのせいにして嘆いてきたのなら、今度は自分の手で現実を塗り替えてみればいいじゃん！」と、僕に囁いてくれているとしか思えませんでした。何かのたびに救われてきたMr.Childrenの歌。「え？どっかで見てんの？」って歌が今まで何曲もありましたが、今回で確信しました。見てますね。国金にいたのかな？ 何せ、ずっと見られていたんだと思います。この囁きに本気で背中を押されてしまいました。

と言っても資金は頼るしかなく、書類を揃え、借り入れの手続きへと進みました。そして後日、審査結果が郵便で送られてきました。家で見るのが怖くて、仮押さえ中の空っぽの店舗で封を開けました。

そこには「このたびは、ご縁がありませんで……」という、いまいち歯切れの悪い申し訳なさそうな言葉がありました。

気づくと、「あの、ご縁がなかったって、具体的にどういう意味なんでしょう？」と、問い合わせの電話を入れていました。さすがにわからないほどバカじゃありませんが、その時やれることがそれしかなかったんです。無理だとわかっていても、他にすがるものがなかったのです。「ご希望に応えられず、すみません」の声を聞いて、「あぁ、終わったんだ……」と、時間そのものが止まってしまったような感覚でした。あるいは止まってしまって欲しかったのかもしれません。

「家賃は内装工事始まってからでいいよ」という、大家さんのご好意に甘えて物件も押さえ、少しでも安く、とヤフオクで機材を集め、融資が下りたと同時に着工できるよう諸々のデザインまで決めていました。スタートの号砲が鳴るものだと信じて、クラウチングスタート状態で待ち構えていたんです。なのに、ねぇ、まぁ、鳴らないこともあるんですね。気を取り直して、「買ったものは、またヤフオクで売ればいっか」、「大家さんもデザイナーさんも、土下座したら許してくれるかなぁ」などと考えてはみたものの、しばらくその場から動けずにいました。

翌日、何かと相談にのってもらっていた吹田商工会議所さんに結果報告と今までのお礼を伝えるため、電話しました。「残念やったなぁ、でもよう頑張ったよ」と慰められると思いきや、「諦めたらアカンで！」と、予想外に励まされたんです。「え？そうなの？まだ諦めないでいいの？」と、切れかけた糸の1本くらいはつながった気がします。あとで聞いてみたら、「あの言葉の裏付けはなかった」らしい

です。実際、そこからひっくり返ったケースは例がなかったんだそうです。

　そうとは知らず「商工会議所さんが言うなら」と、もう一度歩き始めたときのこと。「自己資金がないなんて」と門前払いだった保証協会さんから「話、聞くだけ聞きます」との連絡が入りました。八方塞がりだった僕にとって、違う展開が生まれただけでもありがたいこと。借入金額を保証協会さんと国金さんとで分けた事業計画書を作り直し、もう一度、審査を受けられることになりました。担当者同士の牽制があった後、「うち、やります」と先に手を挙げてくれたのは国金さんでした。「え？本当に!?じゃ、うちもやりますわ」みたいに、続いて保証協会さんも。一度出た判定が覆った前例のない逆転劇は、僕の人生を大きく左右する重要な分岐点となりました。

　こうして、お店を始める権利を経て、ようやく開店準備を始めるところまで漕ぎ着けたわけですが、今となっては「最初の申請で通ってなくて良かったなぁ」って、心底思うんです。でなければ、こんなに借り入れが大変なこととも知らず、たまたま借りられてしまったお金同様、どこかで「店だって、どうせ何とかなるやろ」と勘違いしたまま独りよがりのパンを焼き続け、その結果、つぶれてしまっていたかもしれません。

　審査に落ちるってことは信用を得られなかったということ。今までの自分には、信用に値するものがないという事実。ショックに打ちひしがれていましたが、結果が覆った今、何もない中でも一つだけ磨き続けてきた「パンを作れること」が、支えてくれたみなさんに恩返しできる唯一であり絶対の術だと、改めて気づかせてもらえました。「応える術があった」、このときほどパンが作れることに感謝したことはありません。僕にとっての「パンを作ることの意味」が大きく変わりました。

　そして、2004年4月17日、吹田市岸部に、「BOULANGERIE LE SUCRÉ-COEUR」（ブーランジュリル シュクレクール）は産声を上げたのです。

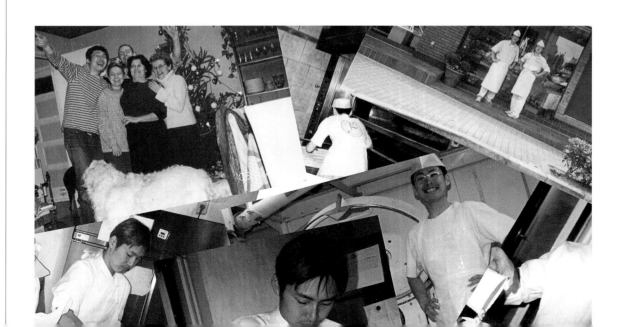

Avant de faire le pain

パンを作る前に……

Le Cœur
心持ち

レシピよりも大切なこと

　フランスの食を代表する三つの職業として、「キュイジニエ」「パティシエ」「ブーランジェ」がありますよね。このうち、「ブーランジェ」だけが違うことは何だと思いますか？ キュイジニエもパティシエも「作る仕事」であるのに対して、ブーランジェは「育てる仕事」であることです。どちらかというと、ワインやチーズ、農作物にたずさわる人たちに近いのではないかと思っています。

　日々生み出されるパン生地には命が宿ります。意思はないけれど、ある方向に向かって活動していくわけです。作り手は、余計なことをして邪魔したりせず、環境を整えてあげるだけでいいんです。大事なのは「手をかけること」よりも「気にかけてあげること」。暑くないかな？ 寒くないかな？ 今どんな感じかな？ タイマーや温度計なども大事ですが、レシピの数字だけを当てはめて、その子を知った気になっていては、聞こえてくる声も聞こえません。生地に触れて、感じて、対話する。その感覚が当たり前になってくる頃には、きっとパンと仲良くなれていると思います。

　僕は、生地をコントロールできるとは思っていません。正確には、コントロールしたいとは思わないのです。パン作りって、パンという食糧を生み出す「生産者」という一面と、農家さんが育ててくれた小麦をパンに「育て上げる」という一面と、二つの側面があると思っていて、だったらなるべく自然に、生地が思うように育ってくれたパンのほうが美味しそうじゃないですか？ お客さんが待っているので、「今日は焼けませんでした」とは言えないので、ある程度は手を施さなくてはいけませんが、むしろ「今

日は、こんなパンになるんだね」と、毎回新鮮な出会いを楽しんでいるくらいです。

スタッフには、「経験を積んだ分、その経験は距離を置くことに使ってくれ」と言っています。中には「培った経験を駆使して」みたいな人もいるようですが、うちはむしろ「駆使なんかしないでね」と頼みます。知識、感覚、経験……人はたずさえたものを披露したがります。確かに、インプットしたものが何だったのかは、アウトプットして初めて気づくことも多いです。でも、パンにおいては、その「わかってきた」分だけ距離を離して欲しいんです。その余裕を生地に施そうとせずに、離れて見守ることに使って欲しいんです。テクニックや知識を誇るより、関係性を上手く構築できるかどうかのほうが、パン作りには大切なような気がしています。

頭で作られた子は、頭で作られた顔で焼き上がり、心で育てられた子は、心で育てられた顔で焼き上がります。緊張して作れば緊張した面持ちに、適当に作ればちゃんと適当に焼き上がります。パンはそうやって、作り手の心を映し出します。ごまかしの効かない「自己投影」なんです。素直に、ありのままに、無理せず、無理させず、そして焼き上がりをしっかり受け止めて、パンと一緒に自分も成長していく。そんな感じなのです。「〜さんらしいパンだね！」と言われたら、それは最高の褒め言葉だと僕は思っています。

ある意味、パンは手段に過ぎないと思っています。ドライに聞こえるかもですが、それより目的を忘れないで欲しいんです。「パンを作りたいな」って思った人でも、作るだけじゃなく食べてもらうことが目的ですよね。僕は、食べてもらえて「美味しい！」では足らなくて、願わくば感動で泣き崩したいとまで厚かましく想っています。それを叶える手段として、パンを焼くんです。常にそんなことを頭に描いてパンを作ります。上手に作ろうとすることも必要ですが、手段に躍起になって、本来の目的を見失ってしまっては本末転倒です。誰かの笑顔でもいいし、ムシャムシャ食べてもらっている食卓でもいい。人それぞれ違う、パンを通じて見たい景色を思い浮かべながら作ってもらえたら、作る人も、もらう人も、ハッピーなんじゃないでしょうか。

僕がパンを始めて3カ月、まだ分割くらいしかできなかった頃のこと。クリスマスに、お金がなかった僕は、店長さんにちょっともらった生地を丸め、借りた型で発酵を取り、お店の窯の隅っこで、パンドミを焼かせてもらいました。そして、籐のかごにモシャモシャしたのを敷き詰めてパンドミを入れ、大切な人にプレゼントしました。「自分で焼いたパン」とは、とてもじゃないけど言えませんでしたが、この仕事に就くきっかけになった人に、どうしてもプレゼントしたかったんです。その人は、涙を流して喜んでくれました。でも、それを見た僕のほうが何倍も嬉しかったのかもしれません。

残念ながら、あの頃ほどピュアではありませんし、焼き上げる対象も一人ではありません。でも、あの頃の純度にできる限り近づく気持ちで窯の前に立っていたい。そう思ってパンを焼いています。

La Farine

小麦粉

袋の中の粉を通して見えるもの

「小麦粉」が入っている袋の封を開けるところから始まるパン作りで、いったいどれだけの人が、その小麦粉を農作物だととらえているでしょう。粒のまま手元に届く「米」に比べて、製粉という加工をされた「小麦」に、その実感が伴いがたいとは思いますが、一般の方だけでなく、生業としている人たちでも、その意識は低いと感じます。

そもそもなぜ小麦をパンにまでして食べなきゃいけなかったのか。お米は、外がやわらかくて中がかたい。だから外皮を乱暴に剥がしても粒が残る。わざわざ手間をかけて粉にしなくても、そのまま食べられます。小麦は、外がかたくて中がやわらかい。乱暴に剥がすと、すぐつぶれてしまう。つぶれる小麦はなかなか粒では食べられません。

ところが、両方「主食」に上り詰めたことは共通しています。手間のかかる小麦がなぜ主食になりえたのか。それは、人類にとって必要不可欠な栄養素を、穀物にある胚乳が持っているからだと言われています。つまり、胚乳をどう確保するかが、大袈裟ではなく人類生存への鍵だったわけです。

でも、粉をそのまま食べると「カハッ」ってなりますよね。粉だけを加熱しても香ばしさは出ますが、「ブハッ」ってなります。それが嫌だから水を混ぜた。めちゃめちゃ推測ですけど、どれだけ時代が違っても、あれを好きな人はいないと思うんです。

それを焼いたのがパンだと言ってしまっていいと思います。膨らませるのは、もっと後です。じゃあ、なぜ焼いたのか。そのままだと消化に悪いんです。粉の主成分であるデンプンは、生では消化できない。最初からそれがわかっていて熱を加えたわけではないでしょうけど、資源が豊富ではない環境の中で選ぶ加熱方法として、もっとも効率的な「焼く」という手段を選んだんだと思います。

まだ「パンのようなもの」だった頃から、トウモロコシ、ソバ、キビとかアワとかの雑穀でも作られていましたし、小麦の属する「ムギ」だって、大麦、小麦、ライ麦、エンバク（オート麦）と4種類あって、どれでもパンにすることはできます。ただ、これらは栽培に適した地域や環境が違うため、この中から選択するというより、流通の悪かった時代は否応なくそこで採れるものを使ってパンが作られたわけです。例えば寒さに強いライ麦は寒い地域で多くパンにされ、ライ麦より強靭なエンバクは標高が高いところなどさらに過酷な環境下でも栽培されます。新約聖書の時代くらいまでは大麦パンのほうが庶民の中では一般的だったとされています。

現代のパンのほとんどが小麦で作られている最大の理由は、他の穀物よりグルテンを豊富に含むということでしょう。グルテンは、粘りを出すグリアジンと弾力を出すグルテニンというタンパク質の混合物で、いろんな形状に変化できる特徴があるため、パン作りに適しているわけです。

小麦粉の封を開ければ、誰でもパンを焼くことはできるけれど、やはりパンは異国の食べ物。文化や歴史をお借りしていることを少し踏まえてもらえると、目の前の粉が、生地が、パンが、もっと愛おしく感じるんじゃないでしょうか。時を超え、国を超え、今、僕はパンを作っている。それだけで、時間をつないでいる、浪漫やなぁなんて思ったりします。

AVANT DE FAIRE LE PAIN

手を突っ込んだとき、ザワザワする感じの粉

僕の粉の選び方は大きく分けると二通りありまして、「自分の中にあるイメージから選択する」「人や場所など、その背景からアプローチする」です。前者は、「こんなパンが作りたい！」を満たすために、特徴の違う数種類をブレンドすることが多く、香りの強弱、トーンの高低、風味が強い・優しい、味の濃淡、性格が荒い・おとなしいといったことを、触れて、嗅いで、舐めてみて感じ、選び組み合わせます。後者の場合は選ぶというより、いただいたり依頼されたり出逢ったりという場合が多く、その場合、映し出すのは僕の意図ではなく、育てた「人」や採れた「土地」であったりするので、なるべく自我を入れず、粉に委ねてありのままを心がける、という感じです。そのため、シンプルに1種または2種程度の混合に抑えることが多いです。

「好きな粉はどんな粉ですか？」と聞かれることは多いですが、特に何がという指標はないです。強いて言えば、手を突っ込んだときにザワザワする感じの粉が好きです。粉がザワザワするんじゃないですよ、肌感です。均一で粒子の細かい粉ではザワザワしないんです。よかったら粒度も粉選びの要素に入れてみてください。

パン作りにおいて、粉は一番大事な材料なので、どこでどんな考えのもとに作られたり、育てられたりしているのかは知っておきたいところ。なので、ほとんどの製粉会社さんを訪ねています。足を運ぶことで、学びや気づきが生まれるし、何より、粉の向こうに人が見えてきます。生産者さんと逢える機会があれば、畑も見せてもらいます。いただくだけの僕らができるせめてもの敬意と感謝の形でもありますが、やっぱり作り手の方々とつながれるのは単純に嬉しいものです。うちだって、電話1本で「パン使いたい」なんて言われたら絶対嫌ですもん。とりあえず店来いよと、そこから関係性が始まるわけですから。

あと、自覚しないといけないのは、僕らは生産者さんと消費者さんとの間に立っているということ。僕らが届けなきゃいけないのは、自分たちが作ったものだけじゃなく、僕らが作るための材料を作ってくれている人たちがいるということ。僕らがいただいて「ありがとうございました」と、それだけで終ってはいけないと、常に思っています。

ル シュクレクールで主に使用している粉類

フランス産小麦
熊本製粉　ムール・ド・ピエール
（石臼挽き／カナダ・アメリカ産混合）
日本製粉　メルベイユ
アルカン　DGF ファリーヌT-65
　　　　　グリュオ

カナダ産小麦
日本製粉　グリストミル（石臼挽き）
増田製粉所　カナダ100

カナダ・アメリカ産小麦
奥本製粉　かみぐるま
瀬古製粉　麦創
　　　　　ブリエ
日東富士製粉　アポロ

北海道産小麦
江別製粉　TYPE ER
　　　　　TYPE100
　　　　　ゆめちから100
　　　　　キタノカオリ100
　　　　　石臼全粒粉 キタノカオリ
アグリシステム　スム・レラT70（石臼挽き）
　　　　　　　北海道地粉T110（全粒粉）
　　　　　　　とかちブラン 細挽き
　　　　　　　（石臼挽きふすま）

北海道産ライ麦
江別製粉　北海道産 細挽きライ麦（全粒粉）

デュラム小麦セモリナ粉
日清製粉　デュエリオ
日本製粉　ジョーカー A

滋賀県産石臼挽きディンケル（スペルト）小麦全粒粉
大地堂　廣瀬敬一郎さん

千葉県産イタリア硬質小麦粉
イマフン　今村太一さん

熊本製粉

うちのパンの「香り」において、大きな役割を果たしているのが、熊本製粉さんの「ムール・ド・ピエール」。フランスから原麦を輸入して石臼で挽いています。ただ、フランスでも「石臼挽き粉」は特殊な粉です。香りの弱い国産小麦などには適していると思いますが、僕の中では過剰です。だから単体でパンを作ったことはありません。お値段も一般的な粉とは比較になりません。それでも、これだけの香りを放つ粉は存在しないし、石臼挽きならではの触感は、かなりやる気にさせてくれます。一般的な粉は、挽き方があまりに丁寧で粒子が細かく均一で、触れても静かでときめかない。それも、石臼挽きをあえて使う理由でもあります。そのありがたみを再確認したのは2016年の熊本地震のときでした。ちょうど北新地に移転する直前だったこともありましたが、「出荷できないかも」の知らせを受けて、いても立ってもいられず熊本に飛びました。使えないかもしれないとなって改めて、どれだけお世話になっていたのかを気づかされたからです。思い返せばオープン以来、ずっと支えてもらっていた製粉会社さんが大変な目に遭っているときに、せめて感謝の想いを直接伝えて、待っている作り手がいることを知ってもらいたかった。幸い人も工場も大事には至らず、役員さん含め社員のみなさんの懸命な復旧作業もあって、供給自体が大きく滞ることはありませんでしたが、一時は「代わり」を諦めて、違うパンを作らなきゃと思ったくらいです。

大地堂 廣瀬さん

廣瀬さんとは、一方的に送られてきた販促メールが始まりでした。絶対に怪しい人だと思いましたが、怪しさの種類は違えども遠からずの愛すべき小麦農家さんです。ディンケル小麦を滋賀の日野町で育てるという、前例のない難題に挑み、今や多くの人や場所にその成果を分配して広げているパイオニアでもあり、その姿からも多くの学びや刺激をいただきました。うちのスタッフを全員連れて1年通い、「種蒔き」「麦踏み」「収穫」「製粉」、合間に「陶芸」と、貴重な体験させてもらったこともあります。畑に行くたび、常に作り手として背筋を正される思いがする、ありがたい存在です。

アグリシステム

「一袋一袋、どの地域のどの生産者さんの畑から採れたものかわかる」との触れ込みに、「そんなことできんの？」と十勝に向かったのは、アグリシステムさんの製粉工房が稼働して間もない頃でした。北海道の広さを甘く見て、工場を見学させてもらった後、畑の滞在時間は15分程度でしたが、小麦産地のメッカとも言える十勝の農家さんの現状や、それに対するアグリシステムさんの描く未来をうかがうことができました。まだ若い会社らしく、古い慣習やしがらみに囚われないアクションは、本当に何かが変わっていくんじゃないかと楽しみにしています。

イマフン 今村さん

千葉県八街市のアサノファームで野菜と向き合いながら、2015年から小麦栽培も手がけるように。野菜作りで培った経験と、元イタリアンのシェフという観点から、今までとは違ったアプローチで小麦と向き合う生産者さんです。まだ生産量は少ないですが、共に成長していけたらと思える人との出逢いは、何ものにも変えがたい財産でもあります。今後、みなさんに届けられる機会が増えると思いますので、楽しみにしていてください。

江別製粉

何より粉の名前がカッコいい。昔から「何これ？」みたいな意味のわからない名前の小麦粉が製粉会社さんから多く出回っていますが、ネーミングで惹かれたのは、こちらの「TYPE ER」が初めてでした。やり過ぎず、シンプルで、使ってみたくなる。これ、大事です。かなりニッチな粉もラインナップされ、その姿勢に興味を持ち、店を始めて最初にうかがった製粉会社は江別製粉さんでした。

AVANT DE FAIRE LE PAIN

Le Levain 酵母

あくまで裏方の、でも主役級の存在

　まず、酵母だのイーストだの酵母菌だの、呼び名がいろいろあると、何がなんだかわからなくなりますよね。この辺は、ざっくり言うと全部一緒です。酵母を英語で言うとイーストですし、イーストもイースト菌も、本来の意味は同じです。イーストという言葉の由来は、ギリシャ語の「沸騰する」なんだそう。ちなみに、ブレッド（英）、ブロート（独・オランダ）、ブロー（北欧）なども原意はすべて発酵の様子の「ぶくぶく泡立つ」的な感じです。やっぱり、改めて発酵ありきではあるんですよね。

　市販のイーストが開発される以前は、本場フランスでも、半ば迷信じみたパン作りでした。よくわからず使っていた各店の「パン種」にもイースト菌は存在したわけですが、多くの菌が存在する中の一つであり、発酵力は弱く、時間はかかる。ボリュームは出ず、かたく重たいパンが主流でした。それが、「生地を膨らませることに特化した」イースト菌だけを加えることができるようになり、おかげで作業時間は飛躍的に短縮され、ボリュームも簡単に出て、同じ大きさのパンを少ない生地で焼けるようになるわけです。「長時間・重労働」に長年悩まされ続けてきたパン屋の仕事、職人がメリットに飛びつくのも無理もない話です。

　ただ、そのメリットがまさにイーストのデメリットでもあり、それに気づいた頃にはもうスッカスカのフッカフカで、やたらとイースト臭いパンがちまたに溢れ、フランスのパンの品質は凋落し始めていたわけです。それを「錯覚の時代」と、フランスのパンの歴史上で呼ぶほどに、本質とはかけ離れたパン作りになってしまいました。その後、「20世紀初頭の美味しかったパンを取り戻そう」という若い職人たちの奮闘を報じるニュースの中に、僕がパリでお世話になった恩師の名前が挙がっていたくらい、錯覚の時代はまあまあ最近のことなんです。

　僕の中で、パンにおける酵母は、生イーストやドライイーストのように市販され購入できるものと、店や家で作る自家製酵母のような買えない酵母の二つに分ける程度にしか思っていませんが、世の中には結構いろいろな酵母が市販されていますよね。サワー種もルヴァン種もインスタント的なものがあって、その風味だけを足して、それっぽく仕上がるという。そうまでして「〜風」を作りたい心理が僕にはわかりません。イーストを使ったパンが一概に悪いわけでもなければ、自家製酵母を使うだけでパンに価値が生まれるなんてマジックもないのです。ようは、どの酵母を選ぶかではなく、どんなパンを作るかのほうが大事だということです。

　うちの店では、自家製酵母だとか天然酵母使用などとは謳っていません。お客さんに提供すべき有意義な情報だと思ってないからです。前振りなく「酵母は何使ってるんですか？」と聞いてくる人がいますけど、「国産小麦ですか？」と同様に、すげえ面倒臭い。いや、酵母食うの？何の小麦だったら食うの？って話です。僕は、自分ごときの知識を押し当てて測るより、その人が何を思って作ったのかを感じる感性を持ちたいし、自分が選んだ店や作り手を信じて委ねたい。もちろん、食べて気に入ってもらえたうえで、「どんな材料で作られてるんですか？」って純粋な好奇心で聞いてくることに関しては、気持ち良く答えさせていただいています。

　うちでは、生イーストとルヴァンリキッド（ライ麦から起こした液状酵母）、サワー種っぽいやつ（分類の仕方はよくわからない）、それから酵母ではないですが麹にも少し手伝ってもらっています。イン

スタントじゃなく生イーストを使うのに深い意味は
ありません。働いたパリの店がそうだったからです。
ルヴァンリキッドも同様です。ただ、ちゃんと理に
かなっていると思っているから使っています。

　僕のとらえ方では、イーストは「パンを膨らます
子」。大事な役割ですが、美味しさに直結する子で
はありません。イースト臭が苦手なのと、その匂い
は粉の香りも濁してしまうので、「イースト臭を感
じない量」が最大使用量になります。発酵の安定と
いうメリットでだけ、僕のパン作りを手伝ってもら
えたらいいのです。量だけでなく、活発に活動する
温度帯もなるべく避けたい。自家製酵母にも当然イ
ースト菌がいるわけですが、彼らが活躍しやすい量
や温度にしてしまうと、求めてもいないのに張り切
って動き出します。そうして膨らんだ状態を、僕は
「焼かなきゃいけなくなった状態」と表現します。
放っておけば、しぼんでいくだけですから。だから、
そうなるまでの時間をゆっくり取りたい。となると、
必然的にイーストは少なくしなければならないし、
温度も低く扱わなきゃいけない。

　生地に寝てもらっている時間を「熟成」、温度を
上げて動いてもらう時間を「発酵」とイメージ分け
していて、長く熟成の時間を取ることで、いろんな
菌にああだこうだしてもらいたいわけです。だから、
うちは異なる自家製酵母を2種使いますが、それは、
それぞれ違ったアプローチの酵母をかけ合わせるこ
とで、複雑味が出せたらと思ってのことです。熟成
した食べ物は、素材本来の味に加え、奥行きや複雑
味が生まれ、なおかつある種の調和ももたらします。
味だけでなく、食感や香りも変化する、この単純で
はない美味しさが熟成の狙いでもあるわけです。菌
たちがいかに長く気持ち良く活動してもらえるかに
よって、パンの風味はグンと変わってくるので、こ
の時間はとても大事です。

ルヴァンリキッド

[材料]

・元種 9000 g　・黒糖 432 g　・湯（37℃）2160 g

A ┌ かみぐるま ------------------ 1440 g
　├ TYPE100 ------------------ 1800 g
　└ とかちブラン 細挽き（ふすま）-1800 g

[作り方]

① 元種をルヴァン・フェルメント（酵母発酵機）に入れ、湯を注いで撹拌する。
② 黒糖とAの粉を加えて撹拌し、35℃で6時間発酵させる。
③ 10℃付近まで冷却し、3～4時間落ち着かせたら使用可能。

サワー種

[材料]

・元種 5000g

A ┌ 湯（30℃）---------------- 2500 g
　├ モルトエキス ----------------- 75 g
　├ かみぐるま ------------------ 1250 g
　├ 北海道地粉 T110（全粒粉）---- 750 g
　├ ディンケル小麦全粒粉 -------- 375 g
　└ とかちブラン 細挽き（ふすま）-- 125 g

[作り方]

① Aをすべて合わせ、手でよく混ぜ合わせる。
② 元種に①を少しずつ加え混ぜ、常温で一晩置く。発酵が進んでいればすぐに、足りなければもう少し時間を置いてから、冷蔵庫で管理する。

Le Sel

塩

味覚のエッジを立たせるために

　僕のパンにおける塩の使い方の意図としては、塩味という直接的な効果よりも、母体の輪郭を明確にし、味覚のエッジを立たせる間接的な効果を狙って使うことが多いです。ここをビビるとボケた印象になります。粉の風味が強いほど、塩を利かせないと話になりません。2％までとか書かれているものもありますが、うちは粉の強さによっては2.5％まで使います。反面、0.05％でも味に影響が出やすい材料でもあります。

　塩を入れると生地が締まります。仕込みの最初から入れると生地ができる前に締まってくるので、その後、ミキシングによるストレスがかかりやすくなります。なので、ある程度先に生地を作ってしまってから塩を入れることもあります。後塩法とか言いますね。ただ、塩の入れ忘れが多発するので、店では怖くてなかなかできないんですよね………。

　海塩の主な原料となる海水自体の主成分比は、世界中のどの海でも同じ。官能検査でも科学的分析でも差は出ないんだそうです。じゃあ、塩の味の違いは何から来るかと言いますと、環境や製法によるところが大きいそうです。特に環境は、付随するミネラル分にも影響あると思います。だから、現地に足を運んで周辺環境等を確かめるか、現地を想像できて好きになれる場所で作られた塩を選びたい。

　うちで使わせてもらっているのは、長崎の平戸、国立公園脇の入り江の砂浜に塩炊き小屋を建てて作られている、「塩炊き屋」の今井弥彦さんの塩です。海水を5倍に濃縮した「かんすい」にし、鉄製の釜で薪をくべながら炊き続けます。微量の釜の鉄分が塩に移り、味の特徴にもなっているようです。塩を木樽に移して寝かせ、最後に「いだし場」と呼ばれるところで塩とにがりに分けられます。にがりの残し方も、塩の味を決める大きなポイントになります。ちなみに塩炊き屋の小屋は廃材で作られ、海水を循環させるモーターは自家発電でまかなわれています。

　今井さんいわく「うちの塩は、昔の人が普通に作っていた、ただの塩です。昔のように海岸沿いに塩炊き屋が増えていけば、自然保護にもつながるし、海への意識も変わると思うんです」。

　効率的に大量生産された製品が主流の現代。僕らが何を選択するのかということは、未来に何を残すのかという責任も間違いなく含まれています。作り手だけが頑張っても続かない。それを応援してくれる消費者がいるから、また作り続ける権利をもらえるんです。何気なく買っているものも、結果的には「この商品を私は支持します」という意思表示。買わないものは、その逆です。それが何につながっていくのか、少し想像してみてください。決して誰もが無関係なことはないと思います。

L'Eau 水

粉が欲しがる声を聞いて

うちでは浄水器を通した水を使っていますが、ざっくり言えば、成分的に飲める範囲なら何でもいいかなと。硬水を使うと幾分、生地が締まると言われ、多少の吸水量は上げられたりもしますが、買うとなると費用対効果が高いとは言えません。フランスの硬水や日本の中硬水を取り寄せて試してみたことがありますが、あまり意味がないと判断しました。店とは違う場所や国でもパンを焼く機会がありますが、粉が変わることにアタフタしても、極端に違わない限り水が変わることにアタフタまではしていません。

強いて言うなら「匂い」は影響すると感じます。カルキ臭は粉の香りを阻害します。現に、浄水器をつけてから、明らかに香りがクリアになりました。変な話、逆に香りのボリュームが少なくなったと感じるくらいです。

軟水だとベタつきやすいとも聞きますが、硬水でも量が増えればベタつきますし、軟水でも少量ならパサパサです。そういう意味では、パン作りにとっての水は、水質もさることながら、使う量のほうが大事です。やみくもにたくさん入れればいいのではなく、粉が本当に欲しがっている量を与えてあげることが大事なんです。極端な話、ちょっとしかいらないっていう粉があったとしたら、そのちょっとを見極めてあげれば、たくさん与えなくても十分お腹いっぱいです。

だから、自分たち主導のような「高加水」という表現は嫌いです。多く入れりゃあ美味しくなるというわけではなく、今までの「成形がやりやすい」などの人間都合の吸水率が、単に足りていなかっただけ。それくらいの解釈で、ウリにするようなものでもありません。ただ、シュクレクールがオープン当初、「絶対、つぶれる」という下馬評を、命からがら覆せた理由の一つに、たまたま吸水が多いパンを学び、保湿性が高く口溶けが良かったおかげで、「かたいパンはパサパサで口の中の水分持っていかれる」といったイメージから、わかりやすく差別化できたことがあったと思います。しっとりモチモチした食感は、唾液の少ない米文化の日本人にも馴染みやすかったんだと思います。

もし、吸水の多いパンを家庭で試すなら、ある程度の技術も必要になってきますので、形は二の次で「まだいる？もういらない？」と粉に聞きながら水を入れていってあげてください。生地が崩壊するほど入れてはダメですが、成形がどうとか悩むより、よっぽど美味しいパンが焼けると思いますよ。

Nos pains
僕たちのパン

Baguette

PAIN 01 バゲット

　さて、ここからは、パンの作り方についてお話ししましょう。何から話そ……と思ったら、やっぱりうちはバゲットになります。

　ベースとなるバゲットに出逢ったのは、26歳の頃。パリのブーランジュリと業務提携を結んでいたお店でした。

　今まで食べていたバゲットとの大きな違いは、水分を摂らなくても1本食べられてしまうくらい、しっとりした生地だということ。食感はモチモチとして、噛めば噛むほど旨味が出てくる。薄い皮はパリパリと音を立てながら、その香ばしさと共に混ざり合ってくる。バゲットに使っていたのは、「TYPE-65」という、パリのお店と同じ粉を直輸入したものでした。初めて封を開けたときの衝撃は、今でも覚えています。日本にも何種類かフランス産の小麦粉はありましたが、すべてが良いわけではありません。現地の第一線で使われている粉はなかなか流通されませんし、名前や謳い文句だけで使いものにならない粉もいくつか見てきましたが、これは別格でした。

　製法で独特だったのは、ミキシングの多さ。当時、いわゆる「フランスパン」に対して、ミキシングは「悪」のような風潮がありました。少ないミキシングで粉の風味を損なわせず、パンチで生地をつないでいく。それはそれで間違いではないですが、水が絶対的に足りない状態では、残るのは粉の風味ではなく、単に混ざりきらない「粉っぽさ」になってしまいます。この生地は、その真逆を行っていました。たっぷりの水を吸わせ、しっかりとミキシングで生地を作ってしまう。目からウロコというか、最初は食パンを作っているのかと思ったくらいです。

　そして、ルヴァンリキッド（液状自家製酵母）を使った低温長時間熟成。しっかり練られた生地を、少し休ませるだけで1次発酵は取らず、さっさと成形してしまってから、翌日までぐっすり寝てもらう感じ。

　このバゲットを作り続けていると、自分なりに思うところも出てきます。「こうしたら、もっとこうなるんちゃうか」、そう思ってちょっと変えてみたりもしましたが、そこで痛感するのが、そのくらいのことはもうすでに考えられていて、ちゃんとルセットの中で補われているんです。「お前ごときが考えることくらい、考えてるに決まってるやろ〜！」って言われているみたいで悔しくて（笑）。その後も、何回も変更を試みましたが、考えれば考えるほど、緻密に計算されていたことに気づかされ、ベースの製法を塗り替えるのに結局10年近くかかってしまいました。粉の配合自体は開業当時とそれほど大きく変わりません。

　このバゲットは、僕が生み出したわけではなく、受け継いだものだと思っています。今でも、当時の記憶を遡り、原点を忘れぬよう重ね合わせて検証しています。かと言って、同じでなきゃいけないわけではなく、それを育て、自分の思想を盛り込み、正常進化させていきながら、さらに次の世代につないでいくことが大事。僕がもらった種が、どこかでいつまでも絶えずにいてくれたなら、ささやかな恩返しになるのかなって思っています。

材料について

基本の粉は、素晴らしい香りと風味の強さを持つ「ムール・ド・ピエール」です。ただ、この粉は石臼挽きということもあり、僕が感じてきたフランスの粉の印象と比べても若干過剰なので、バランスを取りながら特徴を出してくれるよう、その他の粉を組み立てていきます。真ん中に、僕の中ではニュートラルで使いやすい北海道産小麦の「TYPE ER」を。少し低いトーンをしっかり支えてもらいたいので、「グリストミル」を少々。あんまりカンパーニュみたいになっちゃうのも困るので、軽さと明るさのバランサーとして「メルベイユ」。「麦創」は風味もですが、主に栄養価の高さに着目。

塩は、長崎県平戸鹿島の浜で作られる、「塩炊き屋」さんの自然塩。大切なバゲットだからこそ、背景を映し出せる塩を合わせました。夏はまろやかに、冬は少し鋭角に、海の変化によって変わる味わいも、当然の変化としてバゲットに反映されてよいと思っています。

酵母は液状を2種。ルヴァンリキッドと、全粒粉で起こしたサワー種っぽいやつ。仕込みから焼成までに長い時間を要するわけですから、その時間を生かして、一つのルヴァンより二つの異なる酵母を入れたほうが複雑味が出るんじゃないか、単純にそういう発想です。

水は、浄水です。水だけで82〜84%入ります。そこにデロデロの酵母が合わせて30%入ります。たっぷり水を抱えてタプタプした生地は、口溶けの良さにも一役買っていると思います。

それともう一つ、種麹屋さんにお願いしてディンケル（スペルト）小麦で作ってもらっている小麦麹も、少量ですが活躍してくれているような気がしています。

生地について

ミキシングをしっかりかけて生地を作ります。僕の感覚としては、生地が捏ね上がっていく流れで、ピークから一瞬フッとコシが抜けたと感じるくらいまで。ここを逃すとすぐにオーバーミキシングになり、ダレて頼りない生地になってしまうので注意してください。捏ね上げ温度はハード系全般で24℃を目安にしていますが、あくまで優先すべきは生地

の状態です。捏ね上げ温度は、低すぎれば暖かい部屋へ、高過ぎれば涼しい部屋へ生地を移動させるなど、ある程度調整が利きますが、生地の状態は後からではどうにもなりません。良い生地を仕込んであげることに集中しましょう。

　捏ね上がった生地をミキサーから出すときに意識するのは、「ここから成形が始まっている」ということ。「ふぅ～」と一息ついている生地を、できれば気づかないよう、ストレスをかけずに切り取ってあげたいのです。だから、自分が取り出しやすいように、ぐるぐる巻き取るとか、やめてくださいね。

　そこから1時間ほど休ませてパンチ。と言っても、あっちからと、こっちからと、1/3ずつそっと折り返すだけです。そしたらまた1時間くらい休ませます。ここの1次発酵の時間が、以前はあまりなかったんです。イーストの量が今よりは多かったとはいえ、仕込み終えた30分後には生地の分割を始めていました。それでもルヴァンリキッドの熟成香により、1次発酵で生成される香りは十分補えていたと感じます。現在、1次発酵を長く取る製法にシフトしているのは、そこで生成される香りが欲しかったというよ

り、イーストの使用量を極力減らして香りをよりクリアにしたかったからです。

　その結果、弱まってしまう発酵力を補うために、時間を長く取ってあげることと、さらに1種、自家製酵母を増やすことを選びました。複雑味と長時間の有効活用という理由は先ほども話しましたが、2種にした理由はもう一つあります。ルヴァンリキッドの温度管理と撹拌を機械で管理していることもあって、どうもスタッフの関心が薄いと感じていたんです。なので、当てつけに自分たちで様子を見てあげなきゃ管理できない酵母を増やしました。頭でわかっていても、人には慣れという厄介な症状が現れます。体験をさせ続けることで、慣れによる大事な思考や感覚が無意識に薄れてしまうのを阻みたかったんです。

　元々、一般的に使われるイースト量の1/5程度でしたが、今はさらにその1/5まで減っています。ミキシングが強いので、しっかりグルテンが出てしまいそうなところも、たっぷりの水で作ったしなやかな生地と、コシの出にくい粉を使って、意図して上手くいなしていると感じます。

分割について

　大きく取った生地を分割します。うちは、下から歯が出てきて20分割してくれる分割機を使っています。この頃には生地も動き始め、発酵により温度が上がり体温を感じてくると思います。

　グルテンが走っている方向を感じてあげてください。縦横、必ず伸びやすいほうと伸びにくいほうがあるはずです。伸びやすいほうをバゲットの長い形に対して伸ばすように向けるのがベストです。成形するときに無理に引っ張らなくてもいいし、縮んだりもしないので、焼いても長さがあまり変わりません。

　ただ、数本作るならまだしも、たくさん作らなきゃいけないとなると、一つずつ持って確認していられないですよね。それなら、四角く切った生地の対角同士をまとめてクルッと丸めれば、斜めにグルテンが走るので、ベストではないですがベターな選択かと。

　丸めを「成形かよ！」ってくらい丁寧にする人がいますけど、「分割・丸め」の工程時間がゼロだったらいいのにって、僕は本気で思っています。ここ、工程としてはいりますが、時間をかける意味ないですから。ごにょごにょ触らないで、次の成形につながりやすい形に整えてあげたらそれでいいんです。「丁寧が良い仕事」だと履き違えている人もいますが、自分がどうしたいのかなんてどうでもいいですから。今、生地はどうして欲しいのかを考えて、必要最小限のことだけ的確に施してあげればいいんです。

　逆に、ここまでの工程をめちゃめちゃ雑に扱う人もいますよね。そういう人の多くは、成形までは成形じゃないんです。でもね、捏ね上げたときから成形は始まっているんです。成形は最後の帳尻合わせじゃないんですよ。必然の積み重ねが、その形になるのが理想です。

成形について

　ここまでの間に、各担当のスタッフが生地に関わると思います。多くの人の手が入っても問題はないんですが、ただ、一人でも違う解釈で生地に触れる人がいたら、そこでリレーは途切れます。目の前の小麦と水を合わせたベチョベチョした生地ばかり見るのではなく、「どんなパンになるのか」をしっかり共有して、同じ意識や目的のもとで生地に触れてあげるのが、とても大事です。そこさえできていれば、あとは、まぁ、なんとかなりますよ。だって、なんなら焼いちゃえば美味しいんですもん。良い生地を仕込んで、あとは勝手に美味しくなっていく過程を見守って、適した環境を整えてあげさえすれば、どんなに下手でも不味くはなりませんから。

　うちでは、自分たちの意識や指示は「手の甲」まで、残り半分の「手のひら」で、生地の声を聞いてあげなさい、と伝えています。「こんな形にしたいんじゃ！」って、自我に塗られた手で作られたパンは、どんな表情だと思いますか？パンを作れる人は、たくさんいます。知り合いの料理人で作る人もいますし、家で作られる人もいるでしょう。教えるくらい上手な人もいますよね。

　じゃあ、パン職人は、何が違うの？大量にパンを作ること？テクニックが優れていること？僕は、そんなことじゃないと思っています。パンを作れる人たちの中でも、職業として毎日毎日パンを作る僕らが特化していることとは、手のひらに、生地の様子を見る目や、声を聞く耳を持っていること。触れたときに、脳より先に判断して手が動きます。いろんな情報を手のひらが入手して、最適な選択をするんです。

　成形に至るまでに、生地は多少なりともストレスがかかっています。同じように丸めていても、間違いなく全部違う。たまたまストレスのかからない部分を切り取られた子だったり、ちょっと右側の生地

が詰まっている感じの子だったり。それを全部同じリズムで成形しながら、触れた手が微調整する。たとえるなら、マッサージしている感じですかね。凝っているところは少し力を入れたり手数を増やしたり、逆に凝ってないところは優しくしないと痛くなっちゃうので気をつけて。

ガス抜きも、外から見ても何も見えませんよね。しっかり手のひらで感じてあげてください。バシバシ叩いたらダメですよ。つぶす必要のない小さな気泡までつぶしてしまったら、生地が「痛い！痛い！」って言うてます。「言うわけないやん！」って思うでしょ？パンの声をパン職人が聞けなかったら、いったい誰が聞いてあげるんですか？大きく膨らんだガスだけ、「ご苦労さま」と抜いてあげましょう。

形は、店によってもそれぞれでしょうから、正解なんてないと思いますが、僕はなるべく人為的なニュアンスは出したくないのです。うちのバゲットは、真ん中はふっくら膨らみがあって、先端に向かって細くなっていますが、「人間がこうしました」みたいなラインを作りたくないんです。「自然にこうなった」は、かなり無理がありますけど、イメージはイルカのような流線形。パンは生き物だし食糧だから、食べやすいように整えはするけれど、それ以上の意思の介入はしたくないんです。

成形まで終わった生地は、そのときの室温や、かかった作業時間によって状態が変わるので、少し常温に置いてから低温で管理したり、逆にすぐ冷やして発酵を止めにかかったりします。生地が元気そうなら温度は低め（5〜6℃）、元気なさげなら高め（8〜9℃）で一晩眠ってもらいます。

ここまでイースト量を落とさなければ、自家製酵母の力で窯伸びもしてくれるので、わりとそのまま焼けたんですが、今は翌朝に15〜18℃に温度を上げて、一度発酵をうながします。欲しい状態になったらまた低い温度に戻し、焼く順番がくるまで、ちょっと待っていてもらいます。

クープについて

まず、カミソリの持ち方ですが、柄のほうを持ってください。ドライフルーツなどの具材入りで抵抗があるパンの場合は刃の根元部分をしっかり持ちますが、プレーンな生地の場合は刃先の情報を感じられるよう人差し指と親指で軽く挟んで、中指に柄の先端をストッパーとして引っかける感じです。刃先は先端を使う感覚で少し立てて、大きなパンで長いクープを入れる場合は寝かせ気味で使います。どうしても手首や指に力が入って、腕を動かして切る人が多いのですが、カミソリの刃はめちゃくちゃ切れるので、腕の力は抜いて、刃を走らせてください。指で引くのではなく、ひじを平行に動かしながら指で添えるイメージで。ゆっくり切ると刃が生地に引っかかり、生地は痛いんです。切り口も荒れていいことなし。切る前にあらかじめラインをイメージして、そこをなぞるように手早く切りましょう。

「表面の皮1枚を切るように」とよく言われますが、同じ「皮1枚」でも、人間の皮膚と象の皮膚の厚さが違うように、パンも異なります。当日仕込み当日焼きのパンだと発酵も早く、皮は薄くなるので、深く切ったらしぼんでしまいます。低温で長時間の熟成を取ると、その間に表皮は少し厚みを増します。どちらも皮1枚の心がけは同じですが、

同じ厚さではないことはわかってもらえたでしょうか。

クープの入れ方は、本数が4本5本あるいは7本であっても共通するのは、1本目の1/3まで戻ったあたりから、2本目をスタートさせること。線と線を平行に少し重ねていくことで、同じ高さに揃えることができます。重ねなかったり、重ねが短かったりすると、一つ一つのクープが独立してしまい、ボコッボコッとコブが並ぶような焼き上がりになってしまいます。角度は、斜めにすると可愛いらしい感じに開き、縦に一直線に近いとシャープな印象になります。正解は別にありません。思うように切って、そのパンの良い表情を引き出してあげてください。

ちなみに僕は、タオルを何度も畳んでは広げて成形の練習をし、クープは広告の裏に書いたバゲットの形にボールペンを使って、くり返し練習しました。実際のパンたちを自分の練習台にしたくなかったんです。

焼成について

窯の温度は、かなり高めです。オーブンによって温度設定と実際の温度の質は違うと思うので、意図を先に言っておくと、たっぷりの水を抱えた生地を高温のオーブンで焼きます。水が少ないと、火力に生地が耐えきれず、早々に焦げてしまいます。逆に、火力が弱いとゆっくり熱が伝わり過ぎて、欲しい色になる頃にはすでに焼けていて乾燥に入り、さらに表面の皮の部分が分厚くなってしまいます。このせめぎ合いなんです。焼こうとする高温の熱量に、簡単には焼かれまいと水分をたっぷり抱えた生地が立ち向かうわけです。ほどよく色がついたくらいに、ちょうど中心まで焼き上がっているのがベストです。水分の多い生地を早く焼き上げてあげることで、皮はパリッと薄く、しっとり水分を抱えたパンを焼き上げることができますよね。

うちの場合、北新地の店のオーブンだと上火が300℃、下火が240℃で20分くらい。岸部の店だと上火が280℃で下火が260℃くらい。北新地のほうが岸部に比べて上火が優しくて下火が強い特性がある。だから上火は岸部より高く、下火は岸部より低く設定しています。セオリー的には、大きなパンは下火で、小さなパンは上火で焼くと言いますね。小さいパンだと上火より下火のほうが近いので、下火が強いと、上火で色がつく前に底が焦げてしまったりします。

あ、ハード系にはスチームは必須です。かけなくてもパンは焼けますが、病気みたいにくすんだ顔色のカサカサの肌で焼き上がります。スチームは、生地の表面を濡らし、いきなり焼き固められてしまうのを防ぐバリアの役目と、そのバリアが有効な時間の間に、窯の熱で膨らむ生地の表面を糊状にし、窯伸びする手助けもしてくれます。スチームの量は、その窯の特性や焼くパンの種類、何より焼き上がりのイメージによって調整してください。定義も何もありませんよ。狙った焼き上がりになれば、それが正解です。

数字だけを頼りにしてしまうと、全然当てにならなかったりするものです。「書いてある通りにやったのに、同じようにできません」とか、プロの講習会でも聞かれることがありますが、大事なのは数字ではなく、生地の状態であったり、その仕事の意味であったり、作り手の想いであったり。何℃で何分なんかより、もっと大事なことが美味しさにつながったりするものです。

数字は単なる目安でしかありません。ルセットから物ができ上がるんじゃないんです。ものづくりの想いを書き記したものがルセットなんです。知識で頭でっかちになってしまわず、数字以外のことをたくさん感じられる心を持ちましょう。

生地

分割・成形

バゲットのルセット

Baguette

材料

A ┌ ムール・ド・ピエール（熊本製粉）----- 50%
  │ メルベイユ（日本製粉）----------------14%
  │ TYPE ER（江別製粉）---------------- 13%
  │ 麦創（瀬古製粉）--------------------10%
  │ グリストミル（日本製粉）--------------8%
  │ ミックス粉（焙煎大豆粉、とうもろこし粉、
  └ ライ麦粉、強力粉）--------------------5%

上記の粉100%に対し、
・平戸の海塩　2.4%
・生イースト　0.1%
・BBJ（製パン用生地改良剤）　0.2%
・ルヴァンリキッド　20%　→P.33
・サワー種　10%　→P.33
・ディンケル小麦麹　0.1%
（かぶる程度の60℃の湯で溶き、20分間置く）
・水　82〜84%

生地

1　Aの粉をスパイラルミキサーに入れ、水（4%ほど残しておく）を注ぎ、低速で5分間ミキシングする。
2　ストップして30分間そのまま置く。
3　残りの材料を加え、低速5分間、高速10〜12分間ミキシングする a 。途中、手を入れて生地の状態を見ながら b 、残りの水で調整する。
4　ばんじゅうに6kgずつ分け入れ、常温（20℃）の場所で2時間休ませる。途中、1時間経った段階で、生地の1/3を奥から持ち上げて手前にかぶせ落とし、手前からも同様に行う（パンチ） c d 。

分割・成形

1. 分割機にしっかり打ち粉をし、折れたり伸びたりしないように気をつけて生地をばんじゅうから出し、上からも打ち粉をして均等に整え、20分割する。
2. 生地を対角で合わせて e 、丸め込み、ばんじゅうに並べ、常温で20分間程度休ませる。
3. 生地を優しく取り出し、作業台に軽く落とし（大きなガス抜き） f 、奥から手前へ丸め込むようにして反転させ g 、手の中で軽く締める。
4. ひっくり返し軽く平らに整えたら h 、奥の生地を真ん中まで折り返す i 。合わせ目に左手の親指を当てて軽く押し込みながら、同時に親指を軸に、人差し指と中指で生地の背中を持ち上げ、手首の返しを使って巻き込んでいく j 。縁と縁が重なるところまで持ってきたら、右手のひらで生地を合わせて閉じていく。手首が寝ていると「面」で閉じることになり、つぶされる面積が広くなるので、手首の根元に引っかけて接着し、立てた手首の「点」を使って閉じていく。この動きを右から左に向かって行う。中心のお腹部分は少しふっくらさせ、丸みを帯びたフォルムをイメージ。
5. 両端に近い部分を左右の手で上下に交互に動かすようにして大きく転がし、先端に向かって細くなっていくフォルムを作る k 。無理やり引っ張らないよう手のひらで生地の状態を感じながら、ゆっくり大きく転がして形を整える。
6. 閉じ目を上にして、打ち粉をしたクーシュ（布）に並べ、6〜8℃のドゥコンで一晩休ませる。

焼成

1. 翌朝、15〜18℃のドゥコンに移し、発酵をうながす。良い状態になったらまた低い温度のドゥコンに戻し、焼く順番がくるまでスタンバイ。
2. 取り板で生地をスリップピール（挿入機）に移す。
3. カミソリでクープを入れる l 。
4. 上火300℃、下火240℃で最初にスチームをかけ、約20分間焼成する。

[バゲット生地を使って]

Bâtard
バタール

分割機で分割後、バゲットでは1個300gを使用したところ、2個600gを重ねて軽く丸めます。クープは1本。カミソリの刃のやわらかさを生かして軽く生地に押しつけてたわめ、横から削ぐような、払うようなイメージで。すんなり開くとつまらないクープになるので、わざと綺麗に切らず、クープが開くときに抵抗を作る目的です。パカッというよりメリメリッと、開くというより裂ける感じ。焼成温度の目安はバゲットと同じ、上火300℃、下火240℃で時間は30〜35分間ほど。

Pain Cœur
パン クール

バゲット生地100％ ／ ドライいちご17％、ホワイトチョコレート19.29％、レモンピール4.17％

パリでバレンタインを迎えたとき、「アユム、明日、窯手伝って欲しいんだけど、0時から来られる？」とシェフに言われて出勤してみると、渡されたのはハサミ。何をするのかと思って見ていると、おもむろにバゲット生地を半分に割り、切り残した両端の片側をくるりと裏返しました。すると、あら不思議、可愛いハート（クール）形に。が、ここから地獄が待っていました。いつも2000本焼くバゲットのほとんどが、この日は「パン クール」になるんです。ひっくり返すまではいいんですが、さらにバラの棘のような飾りハサミを入れるため、次第に握力がなくなり、マメはつぶれ、腕はパンパンのカッチカチ。うちの店でやるつもりはなかったんですが、開業時、あまりにショーケースに華がなかったもので、「形」優先で急きょラインナップに加えたのです。以来、具材はそのつど変えたりもしましたが、現在の組み合わせがラブリーな形に合っているかなと思い、今のところ固定しています。

[バゲット生地を使って]

Tarte flambée
タルト フランベ

フランス北西部、アルザス地方のスペシャリテ。本来は生地がもっと薄いのですが、うちはとにかく「生地を食べてもらいたい」という思いから、少し厚めで提供しています。堅苦しい定義はあまりなく、カリッとクリスピーなものもあれば、わりとしなやかなものもあり、のせる具材も食事になるものからデザートになるものまで、本当に自由です。生地に塗るクリームは、僕がフランスにいた頃はクレーム・ドゥーブルを使うところが多かったですが、今はヨーグルトのような酸味があって軽いクレーム・エペスが好まれているようです。バゲット生地を麺棒で薄く伸ばし、十分に発酵時間を取ってから、クレーム・エペスをまんべんなく塗り、ベーコンとチーズを散らし、黒胡椒をたっぷり挽きます。焼成は上火280℃、下火240℃で15〜16分間ほど。

Tarte flambée aux olives
タルト フランベ オ ゾリーブ

クレーム・エペスを塗った生地に、オリーブ（黒・緑）、エルブ・ド・プロヴァンス、パルメザンを散らして焼きます。

Tarte flambée de saison
タルト フランベ ド セゾン 夏

クレーム・エペスを塗った生地に、色とりどりのミニトマト各種、ズッキーニ、ロマネスコ、イエローカリフラワーを散らし、溶けるチーズを振りかけ、焼き上げます。フレッシュのタイムを散らしてでき上がり。

Tarte flambée de saison
タルト フランベ ド セゾン 秋

塩、胡椒、オリーブオイルをからめた柿とかぶのスライスと、エメンタールのスライスを、クレーム・エペスを塗った生地にのせ、ゴルゴンゾーラとアーモンドダイスを散らし、溶けるチーズを薄くのせて焼き上げます。

Pain gros L'ami Jean

PAIN 02 パン グロ ラミジャン

　このパンはバゲットと違い、元になったようなパンはないんです。強いて言うなら、あるビストロの「空気感」でした。

　修業から日本に戻り、再びパリを訪れたのは2008年。自分の店を始めて4年の月日が経っていました。シャルル・ド・ゴールに着いたら泣き、セーヌ見ては泣き、店の前に立っては泣き、もう大好き過ぎたパリに帰ってこられた嬉しさと、なかなか戻ってこられなかった寂しさが入り混じって、どこへ行っても涙が溢れてくる情緒不安定な旅となりました。

　その旅の終わりに、「シェ・ラミジャン」に行きました。飛ぶ鳥を落とす勢いの人気あるビストロです。薄暗い店内に入ると、無造作に棚に詰め込まれたパンがせわしなくガシガシ切られ、お皿がはみ出るくらい小さなテーブルと、その上にギリギリのせられているボトルとワイングラス。運ばれてくる素晴らしく勢いのある料理は、人々のテンションを増幅させ、盛り上がる会話そのものが最高のBGMでした。「こんなお店にパンを使ってもらえたら、パン屋冥利に尽きるなぁ」、そう思った僕は、叶わぬ妄想を形にすべく、帰国したその足で、お店そのものの空気感を切り取ってルセットに込め、勢いそのままに焼き上げたのが、このパンでした。「あたかもそこにあるような、いで立ちのパン」を作りたかったんです。今思うと片想い感がすごくて気持ち悪いですが、まぁ、妄想ですから自由ですよね。

　奇しくも、このパンの誕生と時を同じくして、次々と知り合いがビストロを立ち上げました。おかげでこのパンはまるで「ビストロ専用パン」のように、その真価を発揮する場を得たのでした。ただ、名前を決めるより注文が入るほうが早く、何も浮かばず、慌ててビストロの名前を拝借しました。苦し紛れの仮名のはずが、なんか今もそのままなんです。

　このパンの性格が大きく変わったのは、シュクレクールが10周年を迎える2014年。店を始めてから、他店へ研修に行く初めての機会が生まれました。それがサンフランシスコの「タルティーン・ベーカリー」でした。

　艶やかでビチョビチョのだらしない姿を横たわらせ、時が止まったかのように、ただそこにいるだけのカントリーブレッドの生地。一玉2kgちょっとあるその生き物は、ふてぶてしくも心地良さそうに休んでいました。たっぷり水を含んだ生地は、ミキシングはせず、ほぼ合わせるだけ。ストレスをかけずに時間の経過とともにつないでいくイメージです。独特な成形も、見た瞬間に意図はわかりました。のちにシェフのチャドと一緒に食事をした際に聞かれた「美味しいパンって、なんだと思う？」の答えがそこにありました。「水でしょ？」と僕。水をギリギリまで抱え込んだ生地を、どうやって保形するのか。それは簡単なことではありません。生地を「編み込む」ようにまとめる成形には、「いやぁ、よう考えたもんやなぁ」と、感嘆の声しか出ませんでした。

　そんな体験を経て、現在のラミジャンがあります。粉の配合は以前のままに、イーストが減って、酵母が増えて、水が増えて、ミキシングが減って、休ませる時間が増え、編み込む成形になりました。

　フランスから授かり、継承・進化させていくバゲットに対し、パン グロ ラミジャンは、いろんな葛藤の中から出逢いによって導かれ、自分をようやく素直に投影することができたパンです。この二つのパンが、シュクレクールの多くのパンの元となり、アイデンティティでもあります。

材料について

中心に置く粉は少し骨太な骨格が欲しいので「グリストミル」。「TYPE100」も、とても地味で真面目で融通が利かない子ですが、腹の底にグッと強さを秘めた粉です。くすんだグレーがかった色味も、欲しいところです。僕がアレルギーなので登場頻度の少ないライ麦も、ここでは必須です。トーンを落としてもらう役目と、しっとり保湿に頑張ってもらいます。全粒粉としてはトーンが高めの「キタノカオリ」は、重さより味の奥行きや雑味に一役買ってもらいます。風味の強い粉が多いわりに香りに欠けるので、ここも「ムール・ド・ピエール」の力を少しお借りします。本当は、もう少しグルテンの出やすい粉に手伝ってもらおうかとも思ったんです。むしろ出にくい子たちが多いんで。成形の際、編むに加えて伸びる生地が必要で、タルティーン・ベーカリーのパンはタンパクの多い粉が多く、まるでゴムみたいにビヨンビヨン伸びるんですが、反面、粉の風味に乏しく、サワーの酸味が出やすい印象を受けました。なので、そこはフランス色の濃い元のルセットのままにしました。

生地について

粉と水をミキサーで混ぜますが、ミキシングの意図はないので、粉っぽさがなくなるまで混ざればOK。その後、残りの材料を加えてからも、ミキシングというよりは材料の撹拌を目的として回します。取り出してパンチすることはできない生地なので、ミキサーボウルを1周回すことでパンチとしています。

分割について

1個1200gに分割します。ドロドロした生地は丸めすらできないので、水で濡らしたクーパット（スケッパー）を使ってまとめます。丸めたら生地を作業台に放置して表面を乾かすことで表皮を作ります。

成形について

単に丸めたものをそのままバヌトン（カゴ）に入れたのでは、水分が多過ぎて表面張力だけでは支えきれず、取り出した瞬間にダレてしまいます。編み上げることによって幾重にもブロックをかけ、保形するのです。

焼成について

大きくて水分が多いので、下火が弱いと高さが出ません。たっぷりの水分の生地と高温の火力のせめぎ合いで、見た目の無骨さからは予想外のしなやかなテクスチャーが生まれます。「かたそう」と思われがちの焼き込まれた表皮ですが、焼き上げてすぐペコペコ凹むくらい薄かったりします。

生地

分割・成形

a

b

d

c

e

f

パン グロ ラミジャンのルセット
Pain gros L'ami Jean

材料

A
- グリストミル（日本製粉） ------------ 35%
- TYPE100（江別製粉） -------------- 20%
- ムール・ド・ピエール（熊本製粉） ----- 20%
- 石臼全粒粉 キタノカオリ（江別製粉） -- 12%
- 北海道産 細挽きライ麦（江別製粉） ---- 8%
- ミックス粉（焙煎大豆粉、とうもろし粉、ライ麦粉、強力粉）---------------- 5%

上記の粉100%に対し、
- ゲランドの塩　2.5%
- 生イースト　0.1%
- BBJ（製パン用生地改良剤）　0.2%
- ルヴァンリキッド　20%→P.33
- サワー種　10%→P.33
- 水　92%

生地

1. Aの粉をスパイラルミキサーに入れて、しっかり混ざるまで回してから水を加え、低速で6分間ミキシングする。
2. ストップしてそのまま20～30分間置く。
3. 残りの材料を加え、低速で10分間ミキシングする。
4. ストップしてそのまま1時間置いた後、ミキサーボウルを1周だけ回す（パンチ）。さらに1時間置き、再び同様にパンチする。
5. ばんじゅうに分け入れ a 、常温で1時間休ませる。

分割・成形

1 1200gずつに分割する。
2 生地を作業台に置き、指とクーパット（スケッパー）に水をつける。生地を反時計回りに回しながら、クーパットでアシストして表面が切れないように丸め込む（切れるとそこから生地が決壊してしまうので）b c。別の台に置き、1時間ほど乾かしながら休ませる。
3 作業台に生地を置き、手のひらで軽く平らにし、生地の手前1/3ほどを真ん中まで折り返す d。かぶせた生地の両サイドを、着物の襟を合わせるような感じでその上に重ね合わせる e。軽くガスを抜いて整えたら、折り返していない奥の生地をかぶせ f、その生地の両サイドを少しずつつまんで、靴ひもを通すように互い違いにクロスさせて重ね合わせる。奥から手前に生地を持ってきて半分に折り g、軽く叩いてガスを抜き整える。左右からの編み込みを奥・中・手前と3段階で行う h i。奥から手前に生地を転がし丸めたら（縦長にするものはもう1回丸める） j、閉じ目を上にしてバヌトン（カゴ）に入れる k。冷蔵庫で一晩休ませる。

焼成

焼成

1 バヌトンからスリップピール（挿入機）にそっと取り出し、並べる l。
2 長い形のものは縦に1本、丸形は井桁にクープを入れる。クープの入れ方は一例。十字にしてもいい。
3 上火300℃、下火280℃で最初にスチームをかけ、約40分間焼成する。

[ラミジャン生地を使って]

01. Pain aux 2 graines et aux sésames

発芽ディンケルのつぶつぶと、
カボチャの種と、胡麻の入ったパン

ラミジャン生地100％ ／ 発芽ディンケル15％、カボチャの種8％、白胡麻3％

パリの修業時代、「パン オ セレアル」というパンが大好きでした。どこの店でもポピュラーにあったそのパンは、何種類かの穀物の入った、とても栄養価の高いパンで、白カビチーズと相性の良いパンでした。帰国後、シュクレクールで作ったパンの中でも抜群のでき栄えを見せた、そのパンの系譜がここにあります。パンにも使用するディンケル小麦を、粒のまま塩ゆでしたプチプチの食感と、胡麻やカボチャの種の香ばしさを楽しんでください。

02. Les Cinq Diamants

レ サンク ディアマン

ラミジャン生地100％ ／ ドライいちじく14％、レーズン（カリフォルニアとサルタナのハーフミックス）18％、カレンズ16％、くるみ23％、オレンジピール11％

パリで最初にお世話になった小さなアパルトマン。言葉もろくにわからない僕に、別れ際のハグと涙をくれた管理人のご夫婦を今も思い出します。そこの通りの名前と、アパルトマンの名が「レ サンク ディアマン」。最初は店名にしようかと思っていましたが、音がかたくてやめたんです。が、思い入れの強い名前だったので、パンの名前に残しました。「5個のダイヤ」の意味の通り、5種類のドライフルーツを練り込んだこのパンは、「フルーツいっぱい入ったパン」として、創業時の低迷期を長らく支え続けてくれた恩人です。

03. Accent Vert

アクサン ヴェール

ラミジャン生地100％ ／ ホワイトチョコレート20％、緑オリーブ14％、はちみつ5％、オレンジピール5％

「変態パン」は、この辺から言われ始めたんじゃないかな。「緑のアクセント」の言葉通り、普通にしていれば美味しそうな組み合わせに、緑オリーブを入れてしまいましたが、甘じょっぱい感じに落ち着いてくれて、まさかの定番化に至りました。そういう意味では出世頭です。

04. Bâton Branche

バトン ブランシュ

ラミジャン生地100％ ／ はちみつ18％、くるみ14％、カシューナッツ13％、ヘーゼルナッツ6％

初めはかたいとか焦げているとか、ネガティブな声も多かったパンですが、実は「あの棒みたいなのないの？」と、リピート率がかなり高いパンでもあるんです。ナッツだらけの棒をガジガジしていると、はちみつを練り込んだ生地の甘味がほわーっと出てきます。

Le petit déjeuner

プティ デジュネ

ラミジャン生地100％ ／ マルチシリアル20％、白胡麻10％、ブルーベリー10％、クリームチーズ（個別に包む）

忙しい朝も、これ一つか二つで昼まで持つような、名前の通り「朝食にどうぞ」と作ったパンです。栄養価も高く、腹持ちも良く、ポケットに忍ばせておくにもちょうど良い大きさです。

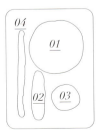

[ラミジャン生地を使って]

四季のパンバリエーション

「お客さんに何を食べて欲しいのか」。開店当初、やはりバゲットを食べてもらいたかった。それをつかみにパリまで行ったわけですから。でもそれは、裏を返せば食べてもらいにくいものだからこそ、そう思うわけです。なので、食べてもらうには何かしらの手段が必要でした。

考えた結果、知らずに食べた上で「バゲットの生地を使ってる」という流れのほうが、ハード系に対する「かたそう」とかいう先入観は避けられるんじゃないか、と思いました。

では、どんなパンを作ろうということになりますが、ベーシックな展開としては、パリにもあった、クルミとレーズンや、プラムとヘーゼルナッツのパンなど、そんなわかりやすいところから始まった、バゲット生地のバリエーション。やっているうちに、ラミジャン生地も含めたハード系で季節感を出せることに面白みを感じ、徐々にお客さんにも面白がってもらえて良いコミュニケーションの場になっていったのは、嬉しい誤算でした。

ただ、忘れてはいけないのは、どんな組み合わせでも、生地が美味しくないと成立しないってこと。そして、何と何が入っているという事実だけでなく、何を思って作ったのかというメッセージまで届けられるかということ。ルセットは、簡単に真似できるようにというわけではなく、作り手の思考を読み解くためのヒントとして添えています。

※ドライフルーツは熱湯にくぐらせてから洋酒に浸けたものを使用。

Pain de printemps　春のパン

Pain aux fèves et au Parmesan
フェーブ エ オ パルムザン
ラミジャン生地100％ ／ そら豆28％、パルメザン7.6％

臭いもの（パルメザン）に、似たような匂いの臭いもの（そら豆）を当ててみました。臭さの相乗効果が、淡いそら豆の存在感を引き立たせてくれています。

Pain brise de printemps
パン ブリーズ ド プランタン
ラミジャン生地100％ ／ オレンジピール25％、レーズン25％、カシューナッツ12％、コリアンダー5％、フェンネルシード2％

コリアンダーの鼻に抜ける少し青い香りをオレンジにまとわせて、ピールはその苦味よりオレンジの明るさで「春のそよ風」をイメージ。フェンネルの苦甘さも春の演出ポイント。相性の良いレーズンと、カシューナッツの食感を入れて。

Pain aux fraises et au basilic

パン オ フレーズ エ オ バジリク

ラミジャン生地100％ ／ ドライいちご15.2％、レモンピール7.6％、ドライバジル3.5％、黒胡椒0.1％

イメージの元はレストランのデセール。バジルの華やかな青さを点在するイチゴが中和していて、軽やかな印象を受けました。ドライのいちごは酸味がなく甘さが強いので、黒胡椒を挽いて少しドライな感じに寄せています。レモンは足りない酸味を補うイメージで。

Pain "NADESHIKO"

なでしこ

ラミジャン生地100％ ／ 桜あん41.5％、大納言24.5％、桜リキュール12.2％

「誰が桜あんなんか使うねん！」という発注ミスから生まれました。春になると「あれないの？」と聞かれることで定番化に。わかりやすさが正義であることも証明されることとなりました。お察しの通り、澤穂希さん率いる女子サッカーが大暴れしていた頃に咲いたパンです。

Petits pois et menthe

プティポワ エ マント

ラミジャン生地100％ ／ グリンピース23％、にんじんのピューレ12％、桜海老1.8％、クミンシード1.2％、ミント1％

フランスの春といえばホワイトアスパラガス、そしてプティ・ポワ（グリンピース）。冷凍ですが、フランス産のプティ・ポワを主役に、緑との対比でオレンジ色のにんじんを背景に。桜海老で旨味と色合い、クミンシードでボケ防止、ミントでイスタンブール感を出してみました。

Pain Hibiscus

パン イビスカス

ラミジャン生地100％ ／ クランベリー28％、レモンピール10％、ハイビスカス1.5％

生まれつきのアイドル特性の子っているじゃないですか。それです、ハイビスカスは。勝手に華やか、鮮やか。色も香りも味も。毎年、原価を見て涙出るくらい高い以外は言うことないです。あとは、お供です。バックダンサーです。

Pain d'été 夏のパン

Pain Sépia

パン セピア

ラミジャン生地100% ／ セミドライトマト20%、枝豆18%、イカ墨2.9%、黒胡椒0.8%

夏のナイターのつまみと言えば、枝豆。その緑を夜空に打ち上げたわけではないんですが、黒に緑って綺麗ですよね。食感以外に枝豆はイカ墨に太刀打ちできないので、セミドライトマトで旨味の援護射撃。わりと良い打線が組めたと思います。

Exotique

エグゾティック

ラミジャン生地100% ／ ドライパイナップル37%、カシューナッツ12%、レモンピール9.7%、オールスパイス0.8%、八角0.19%、黒胡椒0.09%

できた瞬間に珍しく自画自賛した完成度でした。美味しいドライパイナップルをどう使うか、ってお題だったと思うんですが、何がどうなってこうなったのかは、よくわかりません。ただ、何も足さない、何も引かない、その絶妙なバランスは、サントリー山崎の境地でした。

Banane nuageuse

バナーヌ ヌアジューズ

ラミジャン生地100% ／ セミドライバナナ25%、ヘーゼルナッツ15%、ホワイトチョコレート14%、白胡椒0.4%

バナナとココナッツの組み合わせのパンもありますが、性悪さが出ているこっちを紹介。ヘーゼルナッツとホワイトチョコの予定調和が我ながらつまらなかったので、はっきりしないバナナの香りに、同じくはっきりしない白胡椒の香りを当てて助長しておきました。

Pain Sausisse Pimanté

パン ソーシス ピマンテ

ラミジャン生地100% ／ チョリソー19%、ドライパイナップル12%、マカダミアナッツ10.4%、緑胡椒0.5%

珍しく僕以外の人から生まれたパン。苦肉の策感は半端ないですけど、チョリソーの辛味をパイナップルの甘味がうまく受け止めていたので採用しました。誰が足したか、センスの光るマカダミアナッツと緑胡椒のサポートあっての、このパンですけどね。僕ですけどね。

Pain d'automne　秋のパン

Vert Clair

ヴェール クレール

ラミジャン生地100% ／ ドライキウイフルーツ25%、オレンジピール11%、アーモンド（スリーバード）10%、粉わさび1.5%

キウイの最後に鼻から抜ける明るい緑色の香りと、わさびの辛さじゃなくて上のほうの青い香りが、僕の中で重なるんです。だからと言ってパンにしていいわけじゃないんですけどね。毎年焼いてみるんですが、例外なく売れずに早期離脱する可哀想な子でもあります。

Pain Wuxiangfen

パン ウーシャンフェン

ラミジャン生地100% ／ 栗（渋皮煮）23%、柚子ピール14%、チョコチップ8%、五香粉1.8%

五香粉は意外とクセはないんですが、合わせるものが限られていまして。渋皮煮の甘さと存在感に頼ることにしました。それでもお互いの距離が遠かったので、ビターなチョコチップを仲介に、柚子は夜道に街灯を灯すかのように。急にロマンチックに締めてすいません。

Pain Lavande aux myrtilles

パン ラヴァンド オ ミルティーユ

ラミジャン生地100% ／ ミルティーユ22.2%、オレンジピール10.6%、ホワイトチョコレート8.5%、ラベンダー0.8%

僕は南仏を連想してラベンダーにオレンジを当てているんですけど、どうしてもトイレの芳香剤を連想されてしまう哀しき香り。美味しいんですけどね。ブルーベリーだけでは補えなかったので、ホワイトチョコレートを足して「食べやすいよ」アピールをしています。

Marrons Troubles

マロン トルーブル

ラミジャン生地100% ／ 黒糖15.1%、栗（渋皮煮）25%

黒糖をゆっくり味わうと、いろんな味や香りがしてくるんです。だったら噛み締めながらゆっくり味わってもらいましょう、と。ただ、それだけだとあまりに地味すぎるので、人気者の渋皮煮を合わせておこうという大人の打算も入り混じった「混沌とした」パンなのです。

Pain de Feuilles Mortes

パン ド フイユモルト

ラミジャン生地100％ ／ さつまいも23.7%、りんご17.6%、
くるみ9.8%、生姜糖5.9%、シナモン0.7%

元は、形も「枯葉」でした。薄く伸ばして葉脈まで描いたりして。超絶面倒臭かったんです。今は、その枯葉感を、シナモンが一手に引き受けております。後ろめたさからか、他の材料はすべてシナモンさまに媚びたような相性の良いもので揃えさせていただきました。

Pain aux chataignes

パン オ シャテーニュ

ラミジャン生地100％ ／ むき栗20.8%、玄米20%、
けしの実4.16%、岩塩

最初は入ってなかったんです。でも、「栗ご飯、栗ご飯」言われるから、本当に玄米入れてみました（笑）。窯入れ前にクープに振る岩塩は、いわば栗ご飯の上の胡麻塩だと思ってもらって結構です。

Pomme et thé Assam

ポム エ テ アッサム

ラミジャン生地100％ ／ りんご20%、レモンピール12%、
カシューナッツ10%、アッサム（茶葉）4%

すごい売れると思って作ったら、そんなに売れない。あざとさが見透かされているんですかね。「りんごに紅茶」のキャッチーな組み合わせは、ある意味想像を裏切らない、言い方を変えれば想像通り、ポジティブに言うと安心感。こういうのもたまには買ってください。

Cassonade

キャソナード

ラミジャン生地100％ ／ キャソナード（赤砂糖）10%、くるみ10%

綺麗で優しく、ミルキーで長い余韻のグルノーブル産のくるみ。ほんの少しの甘味と香ばしさの補填にキャソナードを使ったのですが、そんなことより、この「キャシャーン」みたいな格好いい名前が気に入って、たまに作ったりしております。

Pain d'hiver　冬のパン

Pain Hivernal

パン イヴェルナル

ラミジャン生地100％　／　ドライ金柑28.3％、くるみ12.1％、ホワイトチョコレート10.6％、カルダモン0.7％、キャトルエピス0.18％

パンを作るとき、香りから入ることが多いんですが、冬のパンを想って浮かんだのは、清涼感がありながらどこか物悲しいカルダモンでした。金柑の存在感が強いので、キャトルエピスで低いところを支えてもらい、くるみとホワイトチョコレートで脇をかためました。

Café Noir

カフェ ノワール

ラミジャン生地100％　／　ホワイトチョコレート16.4％、くるみ10.9％、ペカンナッツ10.9％、インスタントコーヒー粉末3.7％、水1.8％

欲したのは「コーヒー」の良い香りではなく、「嫌な苦味」。冬の暗い森の、さらに奥に入ったイメージです。コーヒーをたくさん使うので、安い粉末で大丈夫。トラブリでももったいないです。ただ、水でいったん溶いてからじゃないとダマになるので気をつけてください。

Tout Noir

トゥー ノワール

ラミジャン生地100％　／　黒豆19.2％、黒糖9.17％、黒オリーブ9.17％

パリにいた頃、「トゥーショコラ」って全部チョコレートのオシャレコースが流行ってたんです。全部キャラメルの「トゥーキャラメル」とか。僕もやってみたんですが、トゥー具合が何か違ったというか、揃えるとこ間違ったというか。箱根駅伝観ながら食う感じですね。

Pain Noël

パン ノエル

ラミジャン生地100％　／　ミックスフルーツ18％、レーズン5％、オレンジピール5％

丸とか棒のパンしかないショーケースに、リースをかたどったこのパンが並び出すと、毎年「もうクリスマスかぁ」と思わせてもらっています。ラブリーな見た目とは裏腹に、別に成形した二つの生地を重ねてねじって作るので、労力も2倍かかるハードなパンです。

Ciabatta

上から

Pain aux olives
パン オ ゾリーブ

Pain aux tomates
パン オ トマト

PAIN 03 シャバタ

　聞いたことあるような、でも何か違うような……、そう思われる方もいるかもしれませんね。このパンは、よくチャバタ（チャバッタ）として馴染みがある、イタリア発祥のパンです。僕が働いたパリのお店にあった、唯一のイタリアのパンでした。フランスでは、"Cha"の発音がチャではなくシャなんです。"Chance"はシャンス、猫の"Chat"はシャ。チャバタじゃなくシャバタなのは、そういうことです。でも、それがまた可愛くて仕方がないんです。愛すべき、「シャ」バタなんです。

　バゲットやラミジャンほど主張がないのも、また奥ゆかしい。うちではわりと珍しい「誰とでも合わせますよ」タイプの子なんです。お野菜や魚介系には抜群の相性を発揮。生でもマリネでもソテーでも何でもござれです。肉も生ハムやサラミなど、肉汁滴る系以外なら問題ありません。たっぷり水分を抱え、もっちりした食感は、どなたにも楽しんでいただけると思います。やる気あるんだかないんだかわからない、ぼーっとした表情も萌えポイントです。

材料について

　シャバタの生地にはオリーブオイルがたっぷり入ります。言わば「オリーブオイルを食べさせる」パンだと思っているので、その香りを妨げるような強い粉は使わないようにしています。「メルベイユ」は、主張は弱いんですが、トーンが高く明るい粉なので、シャバタのキャラにはちょうど良いと思っています。「デュエリオ」と「ジョーカーA」のデュラム小麦コンビの、黄色がかった色味も欲しいところ。それと、水の量が異常に多く、食感がネチャネチャしてしまいがちなので、あえてつながりの悪いデュラム小麦を入れることで、歯切れの良さを出しています。デュエリオはパンでもわりと使いやすいですが、ジョーカーAはパスタ用粉なので、たくさん入れるとつながりにくくなるのでご注意ください。自由な粉が多いので、一応パンになってくれそうな真面目な「ブリエ」を入れて、崩壊しないように保険をかけています。

生地について

　吸水が多い生地の仕込みは、一気に全量の水を入れてしまっては、何分ミキシングしていてもアームに引っかからずつながりません。2〜3割残しくらいで早めに生地を作ってしまってから、少しずつ足していきましょう。生地のつながりと水の入り具合によって、2速4分を越えたあたりから、3速にして仕上げにかかります。この生地はブリオッシュと並んでミキシングを技術として生地を作っていく楽しさが詰まっています。ミキシングによって粉に水をギューギュー入れていくイメージです。強度のミキシングによって生地の温度が上がりやすいので、仕込み水の温度は低めです。

　生地がまとまってミキサーボウルから離れたら、もうタプタプツヤツヤの生地になっています。そこにさらにオリーブオイルをゆっくり入れていきます。生地にオリーブオイルをパクパク食べさせているイメージです。これで液体状のものが130％入った生地のでき上がり。うちの生地の中で一番気持ち良いのが、このシャバタの生地なんです。

　パンチは1時間おきに2回。と言っても、奥からと手前からと優しく折る程度です。分割に入る頃には、少しぷっくらして、可愛さが増してきます。ただ、ベチャベチャして扱いにくいので、なんとか上手くやってください。

分割について

この段階ですでに形を意識して行います。分割した後、常温にしばらく置いてから成形に入ります。

成形について

丸めるというより、綴じ目に気をつけながら手の中で優しく整える程度です。くっついて取れにくい生地なので、クーシュ（布）にもしっかり打ち粉をしてください。

水分をたくさん抱えて身体が重たくなっているので、乾ホイロで少し予備発酵を取ってから8〜9℃の部屋に入れます。

焼成について

翌朝、常温に出し、小1時間ほど発酵をうながしたら、もう一度低温で締めます。緩んだままだと、クーシュから取れにくいのです。クーパット（スケッパー）を使ってクーシュから剥ぎ取り、プルプルの生地を、そっと並べていきます。上火280℃、下火230℃のオーブンに入れますが、焼き色をあまりつけたくないので、うっすら色がついてきたら、全部のパンにまんべんなく焼き色がさすまで、上火を落としたり熱源を切ったりして調整します。

窯を開けると粉の香りより先にオリーブオイルの香りがブワッと広がります。シャバタが「ありがとね！」と言ってくれているような、とても幸せな時間です。

生地

Ciabatta

シャバタのルセット
Ciabatta

材料

A ┌ メルベイユ（日本製粉） -------------- 36%
  │ ブリエ（瀬古製粉） ----------------- 24%
  │ デュエリオ（セモリナ粉／日清製粉） -- 30%
  └ ジョーカーA（セモリナ粉／日本製粉） -10%

上記の粉100％に対し、

B ┌ ルヴァンリキッド -------------- 20%→P.33
  │ 生イースト ---------------------- 0.5%
  │ BBJ（製パン用生地改良剤） -------- 0.2%
  └ シチリアの塩 --------------------- 2.35%

・水（3℃）　100%
・E.V. オリーブオイル　8%

生地

1　縦型ミキサーにAの粉とBを入れて低速でさっと混ぜる。

2　7割程度の水を加えて低速で約5分間ミキシングする。2速にして、残りの水を少しずつ加え a 、4分後くらいから3速にする。

3　水が全量入ったら低速にして、E.V. オリーブオイル少しずつ加えてなじませる b c 。

4　ばんじゅうに分け入れ、常温で2時間休ませる。途中、1時間経った段階で、生地の1/3を奥から持ち上げて手前にかぶせ落とし、手前からも同様に行う（パンチ） d 。残り1時間経った後、同様に2回目のパンチを行う。

分割・成形

焼成

分割・成形

1. 180gに分割し、常温で20～30分間置く e 。
2. 作業台に生地を置き、奥から手前にかぶせるようにして f 、2～3回転させ g 、両端から軽くトントンと整える h 。
3. クーシュ（布）に並べ、乾ホイロに1～2時間ほど置く i 。
4. 8～9℃のドゥコンで一晩休ませる。

焼成

1. 翌朝、常温に1時間ほど出し、発酵をうながす。再び低い温度のドゥコンに戻し、軽く締める。
2. クーパット（スケッパー）でスリップピール（挿入機）に移し j 、並べる。クープは入れない。
3. 上火280℃、下火230℃で約15分間焼成する。

<パン オ ゾリーブ>
捏ね上げた生地に対し25％の2色のオリーブを粗切りにして混ぜ込む。緑オリーブでフレッシュさを、黒オリーブでコクを出す。

<パン オ トマト>
捏ね上げた生地に対し18％のセミドライトマトを粗切りにして混ぜ込む。

| PAIN 04 | パンドミ |

　岸部の店のオープンの際、パリで感じてきたもの以外で、唯一ラインナップに名を連ねたのは、このパンドミ。まぁ、一応、パリでも作ってはいたんです。でも、「食パン」を大事にしている店が多い日本から来た僕にとって、そのパンに対する扱いは衝撃的でした。

　まず、どのパンより優先順位は低い。需要もないので、これは仕方がない。ただ、後回しになるのはいいんですが、後回しの仕方がひどい。発酵して焼かなきゃいけなくなったときに、クロワッサンと被ったとします。もちろん、クロワッサンを先に焼くわけですが、その間にパンドミの発酵も進んでしまいますよね。

　どうすると思いますか？ 刺すんです。発酵した生地をぶっすぶす刺して、しぼませるんです。こんなに大事にしないことってありますか？ 後回しにされ過ぎて、角食のケースの蓋を持ち上げんばかりの勢いで発酵してしまっていることもあるんです。その子らは、蓋が開けられなくなっているので突き刺されることは免れます。その代わり、上に重い鉄板を何枚も重ねられて焼かれます。「焼き上がりは、角にスーッと薄く白い線がついてるようじゃないと」とかいう日本人の職人さんなら失神するんじゃないかってくらい、カックカクに焼き上がります！ もう90°です、直角です。白いラインもクソもないです。

　サンドイッチで使う店の卸し用くらいしか作っていなかったので、「どうせ中しか使わないから」というのが彼らの言い分。四角ならいいってことです。パンとして扱われていなかったパリでの体験を経て、逆にパンドミ愛が芽生えてしまった気がします。

　オープンの際に並んだパンドミは、「おかげさまで、お店を出せるようになりました」という、日本で初めて働かせてもらったお店に対する「オマージュ」の意味もありました。そんな気持ちを忘れぬよう、同じ型で焼くことにしました。うちのパンドミが1.5斤なのは、そのためです。

　大きくキャラクターを変えたのは、北新地移転のタイミング。もともと修業先のパンドミを継承していたので、僕も「食パン」として作っていたんですが、それをやめました。「食パン食べてる」ではなく、「パン食べてる」と思わせられるよう、小麦の風味をかなり前に持ってきました。甘さも小麦に頑張ってもらってなるべく控えめに、内層もきめ細やかな「良い食パン」狙いではなく、なんならバゲットみたいに不均一に。当初から変わらないのは、やはり毎日食べるものなので、自分の国で採れた小麦を食べて欲しいということ。卵とバターは使わず、なるべくシンプルに。

　朝食の風景は大きく変わってきて、マーガリンにジャムみたいな組み合わせから、野菜を摂る人やスープと合わせる人、時間がない中で朝の食生活を工夫されている人が増えています。昔の感覚のパンドミだと、今の食卓には合わなくなってきていると感じます。しっかり食事として食卓にも上がれて、かつ素材を生かしたコンフィチュールなどの邪魔をせず合わせられる。まさにハイブリッド食パンです。……って、ダサいですね（笑）。

　でも修業先の「そのまま食べるとしっとりしなやかでモチモチ。トーストするとサクッとしっとりのコントラスト」、ここはしっかり継承しているので、老若男女どなたでも楽しく食べてもらえると思いますよ。あと、微妙にですが、岸部のほうが「食パン」寄り、北新地のほうが「パン」寄りに仕立てております。誰も気づいてないでしょうけど。

材料について

「キタノカオリ100」をメインに据えたのは、スッと背筋の通った小麦の香り、少し黄色がかった色味、高過ぎないタンパクの量、それらがとても自然で外連味（けれんみ）のないバランスだからです。少し綺麗過ぎる印象を「スム・レラT70」で濁して、香りと風味の厚みを出しています。

グラニュー糖から素焚糖に変えたのは、それが「健康的」だとかいう曖昧な効果ではなく、小麦同様、しっかり出どころや作り手のわかるものを使いたかったから。それと、小麦がピュアになった分、甘さ以外のコクの要素も欲しかったんです。反面、グラニュー糖だと直接的な甘さが悪目立ちしてしまう感じがしました。

油分は必要か否か、ギリギリまで悩みましたが、なきゃないでさすがに食べ口も重たくなり、普通に「ちょっと甘いハード系」になってしまうので、以前に使っていたショートニングからグレープシードオイルに変えて使用しています。完全に無色というわけではないですが、濁りもなく、香りも味も、上記の材料の何も邪魔をしない。抗酸化力など健康上の利点も多く言われますが、そこに作用するほど多く使うわけではないので、決め手は「ワイン醸造の副産物」という、遠い親戚感ですね。

分割・成形について

このパンドミの特徴は、今や珍しくもなんともない「湯種」です。僕が働き始めた頃は、なんかハイカラだったんですけど。でも、理にかなっているから今でも廃れない製法でもあります。ただ、昔より量を落としました。モチモチ感をいつまでもウリにする気もないので、ベースの生地との自然なバランスを大事にしています。湯種には「ゆめちから100」を使っています。キタノカオリでもいいんですが、おそらく道産小麦の主流になってくると思うので、スタッフに触れさせとこうと思っての、チョイ役です。

ポイントは、お湯の完全沸騰です。少しでもぬるいとベチャッとした湯種になり、そのかたさは本捏ねのかたさに直結してしまいます。

生地について

扱いにくい生地ではないので、分割、丸めまでの

工程は、生地に慣れてもらう段階のスタッフに触ってもらうことも多いです。気をつけなきゃいけないことは、湯種が入っている生地はやわらかいのにグニュグニュ詰まった感じがして案外切れやすいんです。だから、やり過ぎないように。しっかり丸めてしまうと、次の成形までにほぐれてくれないので。アタッカーに、やわらかくて良いトスを上げるイメージで、仕事をつないでいきましょう。

成形も、しっかりガスは抜くものの、締め過ぎて表面を切ってしまわないよう気をつけて。食感を成形で作るイメージで触れてくださいね。

焼成について

神経質な角食が嫌いなんです。だから、オープン以降、山食しか焼いたことがありません。たまに特注で角食もありましたが、発酵具合も蓋からどれくらいの位置とか、「あぁ、面倒くさい！」ってなってしまいます。形が欲しければ仕方ないですが、角食の少し詰まった感じなら、湯種で詰まらせますので、山で焼かせてください。とはいえ、山のフォルムは大事です。1.5斤サイズの上下左右のバランスが、僕はなんとも言えず好きなんです。ダックスフントほど胴が長いわけでもなく、どこか柴犬っぽい「日本的ルックス美」を感じるんです。国産小麦を使っているので、タンパクお化けのカナダ産みたいに、やたらと窯伸びするわけでもないのでね。

あ、山食なので頭が焦げてしまわないよう、かつしっかりゆっくり焼いてあげられるよう、温度は変えながら焼いています。スタートは上火240℃、下火も240℃。そんなに強い生地ではないので、下からもしっかり火を当てていきます。蒸気をたっぷり当てたら、上火は220℃に落とします。本来、220℃くらいで焼きたいんですが、そこからスチームたっぷりかけたら温度が下がり過ぎてしまうので、あらかじめ240℃にしているわけです。20分ほど焼いてうっすら色がついてきたら、熱源は切ってしまい、余熱で30分くらい焼きます。型に入っている部分と、直接熱が当たっている頭の部分の焼き上がりを同じにしなきゃいけないので、そこだけ注意したらいいと思います。柴犬みたいな色になったら焼き上がりです。

湯種　　　　　　　　　　　　　　　生地

パン ド ミのルセット
Pain de mie

材料

- キタノカオリ100（江別製粉）　60%
- スム・レラT70（アグリシステム）　20%
- ゆめちから100（江別製粉）　20% 湯種用

上記の粉100%に対し、

- 湯（100℃）　21% 湯種用

A ┌ ルヴァンリキッド ………………… 10%→P.33
　├ 生イースト ……………………………… 1%
　├ 素焚糖 …………………………………10%
　└ 塩 ……………………………………… 2.2%

- グレープシードオイル　3%

湯種

1. スパイラルミキサーに湯種用の粉と湯を入れ、低速で粉気がなくなるまでミキシングしたら a 、すぐにばんじゅうに取り出す。
2. 作業台に置き、力を入れて、表面がなめらかになるまで手早く捏ねる b 。
3. ばんじゅうに入れ、ときどき生地をひっくり返しながら粗熱を取り、適度に水分を蒸発させる。
4. ビニールの上に平たく手で伸ばし、上からもビニールをかぶせ、冷蔵する。

生地

1. スパイラルミキサーに粉を入れ、Aを加え、低速で5分間、2速で3分間ミキシングする c 。その間に、適当な大きさにちぎった湯種を2回に分けて加える d 。
2. 低速にし、3分間ミキシングする間にグレープシードオイルを少しずつ加える e 。2速にして5～6分間ミキシングする f 。
3. ばんじゅうに3840gずつ分け入れ、2～3℃の冷蔵庫で一晩休ませる。

分割・成形

焼成

分割・成形

1. 分割機にしっかり打ち粉をし、折れたり伸びたりしないように気をつけて生地をばんじゅうから出し、上からも打ち粉をして均等に整え、20分割する。
2. 分割した生地2個を重ねて作業台に置き、手のひらで生地を平らにし g 、両サイドを下側へ入れるようにして丸く整え h 、ばんじゅうに並べる。常温で20分間程度休ませる。
3. 生地を作業台に置き、手のひらで伸ばし、ひっくり返す。奥の生地を真ん中まで折り返して密着させ i 、さらに手前に丸め j 、なまこ形に整える k 。
4. 型に入れ、約33℃のホイロで2時間～2時間半発酵させる。

焼成

1. 生地が型の9分目の高さまで発酵したら l 、窯入れする。その際、生地が乾いていたら少し霧吹きをして、目立つ気泡があれば竹串を刺してつぶす。
2. 上火240℃、下火240℃で、スチームをかけたら上火を220℃に落とす。20分後に熱源を切り、余熱で約30分間焼成する。

Croissant

| PAIN 05 | クロワッサン | |

　バゲット、ラミジャンと並んで、ずっと大事に、ずっと試行錯誤してきたクロワッサン。先の二つが「パン」であるのに対して、この子は「ヴィエノワズリー」と呼ばれます。パンは「粉・水・塩・酵母」が基本線ですが、こちらはバターやら卵やら牛乳やらと、人造的な要素がたくさん入ります。「粉に問い、粉にゆだねる」パンと違って、ヴィエノワズリーは僕からすると「サイボーグ」のようなもの。徹底的に意図を入れ、思うように人がコントロールすることができて初めて価値をなします。だからこそ「ああでもない、こうでもない」という嗜好の変化が、ルセットをいじるという行為に直結してしまうのです。もはやオープン時の原形がどんなだったかなど覚えてもいません。

　ただ、根本的なイメージだけは、これが不思議と変わらないんです。目を瞑ると、そこは薄曇りの秋のパリ。モノクロの街を抜けたセーヌのほとり。肩をすぼめ、うつむきがちに視線を落とし、羽織ったコートを揺らしながら歩く石畳。川面を走る冷たい風が首元をなぞるたび、準備していたにもかかわらず忘れてきたマフラーのことを思い浮かべる。「ふぅー、冬ももうすぐだなぁ」と吐く息が、低い空に浮かぶウロコ雲の中に吸い込まれていく。カサカサカサッと、風に連れ去られた枯れ葉たちが足元をかすめながら、軽やかに僕を追い越していくのでした。……の、「枯れ葉」のようなイメージです。

　やっぱり、クロワッサンの生地には発酵生地としてのメンツがあるんです。パイではないので、食べたときに全部ザクザクッとかではなくて、枯れ葉が枝から揺れ落ちるように、表面はハラハラッと軽やかに落としたい。そして中はニューーーッと引きたい。パイだと食感同じでしょ？サクッ、ハラッ、ニューーーッ、このコントラストは発酵生地ならでは。これが、クロワッサンがクロワッサンたるゆえんだと思っています。

材料について

　粉の焼き上がった香りとバターの風味が合わさってこそのクロワッサンだと思っています。香りの弱い粉を使って、単にバターの香りを強調することもできますが、クロワッサン一つで食事が完結するわけではなく、できれば他のパンも食べられる余地は残しておきたい。そのため、生地とバターの「量のバランス」と、粉とバターの「香りのバランス」、その二つを考えながら素材を選びます。

　まずはフランス産や石臼挽きなど、パンチのある粉を合わせて生地の骨格を作ります。そこに使いやすい粉を合わせて状態の安定を図ります。強力粉と中力粉の割合は好みでいいと思います。

　そしてバターですが、粉の風味に負けないようフランスのイズニー産発酵バターを使用しています。日本の折り込み用の発酵バターは、焼き込みに耐えられるよう工夫されている分、若干のわざとらしさを残り香に感じますが、イズニーの発酵バターは、そのまま食べてもクドくなく、乳の優しい香りと長い余韻は、価格は高くても「さすが」と思わされる説得力があります。それに、日本のメーカーさんのバター不足による数量制限とやらで、「作れる作れない」みたいなストレスを抱えるくらいなら、安定供給してもらえるフランス産を使うほうが精神衛生上、健全かなとも思っています。

　このバランス以外にも、牛乳を入れる入れない、卵を入れる入れない、溶かしバターを入れる入れない、今回のルセットだとポーリッシュも入りますが、これも入れる入れないなど、クロワッサンを作り出す要素が多過ぎて、正直、何が正解かはわかりません。

　そして、生地管理や折り込みのスキルによっても仕上がりは大きく左右されます。車を整備するように微調整をくり返し、時にはパーツを交換したり外してしまったりしながら、「もっと良くならないかな」とチューニングし続けている感じです。

　なお、生イーストは2種を使用しています。USは発酵が早めに来て後はゆっくり、LT-3は最初は動かず後から強いタイプで冷凍耐性もあります。

生地について

　まず大事なことは、捏ね上げ温度を限りなく低くしたい。イメージとしては、最終発酵以外で一切イーストを動かすことなく作業したいのです。なので牛乳や卵などはなるべく低い温度（5℃以下）で冷やしておき、粉も前日に計量して冷凍庫で冷やしておいたものを使います。

折り込みについて

　北新地の店では、折り込み専用のパイルームを作り、その中で岸部の2倍量の生地を一度に折り込めるパイシーターを使って作業しています。折り込みのバターも、シートバターではなく、流し込みのケースから自分たちで小分けしたものを、直接生地に塗りつけて折り込んでいきます。

　捏ね上がった生地の状態もそうですが、折り込むときの生地の状態がとても重要になってきます。常にバターと生地が同じくらいのかたさで、同じような伸展性で作業できるとベストです。冷やしては休ませをくり返すので、急激に冷やして生地だけか

たくなってしまうと、バターは伸びても生地は裂けちゃうし、逆だと、生地だけ伸びてバターが生地の中で割れてしまいます。万一、振り切ってやわらかくしてしまうと、バターと生地が馴染んで一体化してしまい、メリハリのある層は生まれません。

　折り込みの回数は、何回でもいいと思いますよ。うちは、昔は四つ折り２回でしたが、今のルセットだと三つ折り３回のほうが軽くて美味しいので変えました。でも、三つ折り２回に四つ折り１回とかでも、別にいいんです。「こう習ったからこう」みたいなのは外して、違いを試してみたらいいと思いますよ。

成形について

　カットした後、そのまま巻き込まず、生地の中のバターを感じながら、指の腹を滑らせ表面をなでるように伸ばします。これで真ん中が高いフォルムができますが、横幅が短いとバランスが悪いので、切り込みを入れたトップを大胆に左右に開きながら、下に向けて締めずに巻き込んでいきます。

焼成について

　高温で一気に窯伸びのトップ地点まで持っていき、その後、薄っすら焼き色がついてきたら、低い温度に移して、ゆっくり火を通していきます。初めから低い温度で焼くと、焼き色も食感もメリハリがつかないからです。

生地

折り込み

Croissant
クロワッサンのルセット

[材料]

- DGF ファリーヌT-65 グリュオ(アルカン)　30%
- グリストミル(日本製粉)　30%
- カナダ100(増田製粉所)　20%
- TYPE ER(江別製粉)　20%

上記の粉100%に対し、

A ┌ 生イースト(LT-3) -- 2.5%(水5%で溶かす)
  │ 牛乳 ----------------------------------- 35%
  │ ルヴァンリキッド ------------- 10%→P.33
  │ ポーリッシュ ---------------------- 34%
  └ 全卵 ------------------------------------- 2%

B ┌ グラニュー糖 ------------------------ 16%
  │ 塩 ------------------------------------- 2.4%
  └ マジミックス(乳化剤系改良剤) ------ 0.4%

- 足し生地(クロワッサンの余り生地)　10%
- 溶かしバター　5%

＜ポーリッシュ＞
アポロ(日東富士製粉)13%、生イースト0.3%、水20.7%を混ぜ合わせ、常温で1〜2時間置いた後、冷蔵庫(10℃)に入れる。

＜折り込み用バター＞
生地1シート6500gに対し発酵バター2200gを常温に戻し、ミキサーで練る。小麦粉を少し入れ、粉気がなくなるまで練る。1シート分ずつ分ける。冷えかたまらないよう注意しながら冷蔵する。

[生地]

1. スパイラルミキサーにAを入れ、低速でざっくりミキシングする。粉を入れ、Bと適当な大きさにちぎった足し生地を加え、低速で5分間ミキシングする。
2. ストップして30分間そのまま置く。
3. 再び低速で3分間ミキシングする a 。
4. ばんじゅうに6500gずつ分け入れ、平らに伸ばし、3時間冷凍する。

成形

折り込み

1. 解凍した生地をリバースシートに置き、打ち粉をして1回軽く伸ばし（10mm厚目安）、ポマード状のバターをのせ、手首に近い手のひらで押し伸ばして生地の右半分に広げる b 。右縁は少し余白を残しておく。
2. 右縁を折り、左の残り半分の生地を右縁の手前までかぶせて密着させる c 。90°向きを変えてひっくり返し、厚さが均等になるようローラーで上から押す d 。
3. 90°向きを変え、打ち粉をして9mm厚に伸ばし e 、三つ折りにする。90°向きを変え、ローラーで押し、8mm厚に伸ばし、三つ折りにする。ローラーで押す。ビニールで包み、冷凍庫で少し締めてから冷蔵庫で30分間休ませる。
4. 3回目は6mm厚に伸ばし、三つ折りにする f 。90°向きを変えてローラーで押し、3と同様に休ませる。
5. 90°向きを変えて3.5mm厚に伸ばす（途中で半分に切り分けて作業する）。3と同様に休ませる。

成形

1. 生地の縁を切り揃え、細長い帯状に3等分に切り、重ねる。8cm幅に印をつけ、さらにそれを斜め半分に切って二等辺三角形にする。
2. 二等辺三角形の底辺の中央に切り込みを入れ g 、手で持って先端を下に引き伸ばす h 。
3. 作業台に置き、切れ込みの左右を斜め下に裂くように広げながら、手前の先端に向かって手を引いて丸める i j k 。
4. 天板に並べ、24〜27℃のホイロで2〜3時間発酵させる。

焼成

1. 溶いた全卵をハケで生地に塗る l 。
2. 上火280℃、下火200℃で、窯伸びが頂点に達し、色づいてきたら（約8分間）、上火230℃、下火220℃の窯に入れ替え、10分間ほど焼成する。

[クロワッサン生地を使って]

Croissant Jambon

クロワッサン ジャンボン

クロワッサンの生地に、ハムとエメンタールチーズを巻き込みました。

Pain au chocolat

パン オ ショコラ

フランス産クーベルチュールチョコレートを巻き込んでいます。

Croissant aux amandes

クロワッサン オ ザマンド

クロワッサンを軽くシロップにくぐらせ、アーモンドクリームを中に挟み、外にも絞ります。さらにその上にアーモンドスライスをたっぷり散らして焼きます。

Sacristain Thé Vért

サクリスタン

クロワッサン生地で抹茶のクリームをサンド。その生地をクルクルねじって焼き上げています。

Pain aux raisins

パン オ レザン

クロワッサン生地に、クレーム・パティシエールとレーズンを巻き込んでいます。

Escargot au citron

エスカルゴ オ シトロン

クロワッサン生地に、レモンクリームを巻き込み、アーモンドダイスを散らして焼き上げています。

Cinnamon Roll

シナモンロール

粗糖と香り高いシナモンを、クロワッサン生地に巻き込みました。

Brioche Nanterre

| PAIN 06 | ブリオッシュ ナンテール | |

率直に言いますと、パリでと言うかフランスでは、なかなか「美味しい」ブリオッシュには出逢えませんでした。僕が働いていたお店はパトロンがアルザシアンだったので、当時のパリでは珍しくクグロフもあったんですが、それも美味しくなくて。なので、パリで数少ない、アルザスをウリにしているパン屋さんにも行きましたが、そこもダメ。「そっか、本場に行かなきゃ！」とアルザスまで行って気づきました。みんなカフェに浸して食うんです。パサパサがちょうどいいんです。が、唾液の少ない日本人がそのまま食べる場合だと口の中の水分全部持っていかれてしまうので、ここは僕らが食べて美味しいと思えるものに調整しました。

ただ、ブリオッシュをざっくり「やわらかいパン」と分類するまでは良いのですが、「どうやわらかいの？」となると、安易に「ふわふわして」っていう日本人の価値観に落とし込むのは違うと感じます。僕の思うブリオッシュは、やわらかい当たりの最後の最後に抵抗があって、そこでサクッと切れるような感覚。いわゆる菓子パンのようなタンパクの多い粉を叩いてグルテンを引っ張り出して作ったやわらかさとは違って、卵の作用でやわらかく保たれた生地の中を、バターでコーティングしたグルテンの筋がいっぱい走っているイメージです。だから最後にその筋が歯切れとして「セクッ」と切れるんです。

美味しいブリオッシュは、食べると本当に幸せな気持ちになります。が、日本では菓子パンと比較され「単に高いパン」と思われがちです。提供する側にも確かに問題はありますが、本質の価値より価格で比較されてしまうなら、もう無理だと諦めも入っています。たっぷりの卵にたっぷりのバターの超高カロリーなブリオッシュは本国フランスでも敬遠され始め、フォワグラのお供としてよく売れていたクリスマスシーズンですら、パンドミに取って代わられているようです。「トーストだと違うんだよなぁ」と嘆きたくなるのですが、時代、ですかねぇ。美味しいのになぁ……。

材料について

ハード系に比べて、粉の配合、よく変わります。今は、タンパク多めの粉2種類。中力粉で歯切れを出すこともありますが、感覚的にはバターが50％くらい入ると、サク味を生んでくれます。逆に、中力粉が混ざるとヨレてしまう。ここは、粉の風味もですが、生地の強さとバターの量の兼ね合いで、粉の種類を決めています。バターの2/3量は発酵バターを使用。全量だとクドイし値段が高いのと、ないと焼き上がりの風味が飛んでしまうので。水を使わないのは、「フランスのパンの中で、もっともリッチなパン」の称号への意地みたいなもんです。

生地について

バターが多いので、生地を7割5分ほど完成させておき、バターを混ぜながら仕上げ、混ざり終わったと同時に生地も完成するイメージ。バターが30％を超えてきたら、ちょっと神経を遣って入れてください。うちでは、板状にかたいまま薄く切り、生地がバターの表面をなでながら削いでいくイメージでやっています。細かく切っちゃうと、生地の中でグルグル回って入らないでしょ？

分割・成形について

1週間分、一気に仕込み、適当な大きさに分けて冷凍しています。

生地

ブリオッシュ ナンテールのルセット
Brioche Nanterre

材料

- カナダ100（増田製粉所）　60%
- DGF ファリーヌT-65 グリュオ（アルカン）　40%

上記の粉100%に対し、

A ┤
- 牛乳 ―――――――――――― 42%
- 生クリーム（乳脂肪分47%）――― 7.5%
- 生クリーム（同35%）―――――― 7.5%
- 加糖卵黄 ――――――――――― 30%

- グラニュー糖　10%

B ┤
- 生イースト（US）――――――――0.75%
- 生イースト（LT-3）―――――――0.75%
- 塩 ――――――――――――― 2%
- マジミックス（乳化剤系改良剤）――0.4%

- バター　30%
- 発酵バター　20%

生地

1 スパイラルミキサーにAを入れ [a]、低速で混ざるまで回す。
2 グラニュー糖と粉を加え、低速で5分間ミキシングする。
3 ストップしてそのまま30分間置く。
4 Bを加え [b]、低速で5分間、高速で10分間ミキシングする。
5 低速にし、ハガキ大で1cm厚にカットしておいたバター2種を少しずつ加え [c]、混ざりきったら、高速にして5分間ミキシングする [d]。
6 適宜取り分け、均等に早く冷やすために薄く伸ばし、冷凍する。

分割・成形

焼成

分割・成形

1. 前日より冷蔵解凍、または常温解凍する。冷蔵解凍の場合は、さらに常温で戻し、作業可能なかたさにする。
2. 30gに分割する。
3. 片方の手のひらにのせ、反対の手で生地を包み込むように持って回しながら丸める e f 。
4. 一つの型につき8個を詰める g 。

焼成

1. 型の高さの8分目まで発酵したら、溶いた全卵をハケで生地に塗る h 。
2. 上火220℃、下火200℃で窯入れし、上火を200℃に落とす。20分後に熱源を切り、余熱で約10分間焼成する。

[ブリオッシュ生地を使って]

Bressane
ブレッサンヌ

クレーム・ドゥーブルを塗り、砂糖を振って焼き上げます。ペラペラで「なんじゃこれ」って思う地味なパンですが、素朴であったかい甘さは、どこか懐かしさを感じるのです。

Gâteau La Tropézienne
ガトー ラ トロペジェンヌ

南仏の「サントロペ」発祥と言われる、ブリオッシュの間にカスタードクリームを挟んだ、クリームパンを彷彿させる、日本人にはとてもわかりやすいパン。

Galette aux figues
ガレット オ フィグ

薄く伸ばしたブリオッシュ生地にイチジクのスライスを並べ、砂糖とレモン汁を振りかけて焼くだけですが、適度なフレッシュ感と、加熱した果実の美味しさにブリオッシュのバターの香りが相まって、何枚でもいけちゃいます。

Kouglof
クグロフ

アルザス地方のスペシャリテ。「陶器で焼くのがクグロフ」と教えられて現地に行ったら、シリコンだらけでガッカリしたけど、だいたいまぁそんなもんだよね。

Viennois

上から

Purée d'haricot
ピュレ ダリコ

Crème au beurre
クレーム オ ブール

Café et noix
カフェ エ ノワ

Ganache
ガナッシュ

Matcha
抹茶

PAIN 07 ヴィエノワ

パリで出逢ったヴィエノワは、今まで食べていたものとは別物でした。日本のそれは、だいたい菓子パンのようにふわふわしたもの。一方、パリのそれはムッチムチで、引きちぎって食べる感じ。この違和感こそが異文化。それが、僕の思うヴィエノワです。わかりやすく言うと「噛みしめるやわらかいパン」というイメージです。

パリではサイズも大きくナチュールとショコラの2種類しかありませんでしたが、何も入ってないと日本では「？」ってなっちゃうし、このムチムチした食感はフランスのパンの入り口としては入りやすい。なので、サイズを小さくして、何種類かバリエーションを作ることにしました。

そこで何のクリームを挟むのか、これは昔働いていた西宮のお店でやっていた組み合わせだったと思いますが、濃厚なクレーム・オ・ブールを合わせます。これ、パティシエールベースでは負けてしまいます。いろんな作り方がありますが、クラシックなパータ・ボンブから作るやり方です。パン屋さんだと、初めて触れる人もいると思うので、そんな入り口としても、平気でクオリティ下げて「ぽい」もの作るんじゃなくて、しっかり基本から大事にして欲しいなとの思いも込めて。

材料について

強力粉であれば何でも。そこに主張はないので、普通のものでよいです。

ヴィエノワはイースト多めですが、あまり早く動かれてもブカブカになるので、発酵のポイントを分散させるため、2種を使用しています。

生地について

この生地の特徴は、水とミキシングの少なさです。どちらも「これで終わり？」くらいでちょうどです。ベーグルまではいきませんが、かなりムチムチです。

分割・成形について

打ち粉を使うと、すべって作業性が悪くなるので、もし使っても必要最低限に。

焼成について

高温で一気に焼き切ることで、中の水分を残してモチッとさせます。下火が強いと焦げちゃうので、十分気をつけて。

[ヴィエノワ生地を使って]

Viennois-Chocolat
ヴィエノワ ショコラ
ヴィエノワ生地100% ／ チョコレート22.4%
みんな大好き、
パリジャンのおやつです。

Pain aux noix
パン オ ノワ
ヴィエノワ生地100% ／ くるみ17%
ヴィエノワのほのかに甘く優しい生地に、
たっぷりのくるみが合うんです。

Pain de Pâques
パン ド パック
ヴィエノワ生地100% ／ ホワイトチョコレート19%
「復活祭のパン」。たぶん、卵をイメージして（白い丸）、ホワイトチョコレートをヴィエノワに練り込んだんだと思います。パリで初めて食べたとき、あまりに日本人向け過ぎて「あかんあかんあかん！」とショックを受けた記憶があります。

生地

分割・成形

ヴィエノワのルセット
Viennois

材料

- アポロ（日東富士製粉）　60%
- カナダ100（増田製粉所）　40%

上記の粉100%に対し、

- 足し生地（クロワッサンの余り生地）　20%
- 砂糖　8%
- 塩　2.2%
- 脱脂濃縮乳　10%
- 生イースト（US）　1.5%
- 生イースト（LT-3）　1.5%
- BBJ（製パン用生地改良剤）　0.2%
- ルヴァンリキッド　0.2% → P.33
- 水　40%

生地

1. スパイラルミキサーに粉を入れ、適当な大きさにちぎった足し生地、残りの材料を入れ a b 、低速で5分間、2速で3〜4分間ミキシングする c 。
2. ばんじゅうに分け入れ、常温で約20分間休ませる。

分割・成形

1. 90gに分割する。成形を終えるまで、ほとんど打ち粉は使わずに行う。
2. 手のひらで包み込むようにして軽く丸める。丸く締めきらないうちに縦に転がし、横長の形にする（最終的な成形につなげていくため）d。ばんじゅうに入れ、常温で約20分間休ませる e。
3. 作業台に生地を置き、全体を押して平らにし、ひっくり返す f。奥の生地を手前の真ん中あたりまでかぶせ g、さらに手前に転がし h、閉じ目をしっかり閉じ（生地がかたいので開きやすい）、両手で細長い棒状に整える i。
4. クーシュ（布）に並べ j、常温で10〜15分間置く。
5. カミソリで斜めに細かくクープを入れ、4℃のドゥコンで一晩休ませる k。

焼成

1. 生地を天板に並べ、乾燥に気をつけて常温で発酵させる。
2. 上火280℃、下火200℃で約11分間焼成する。

仕上げ

冷めたら横に切り込みを入れて、中にクレーム・オ・ブールを絞る。

<ピュレ ダリコ>
けしの実をまぶしたヴィエノワに、クレーム・ドゥーブルを塗り、粒あんを挟む。

<カフェ エ ノワ>
くるみを練り込んだヴィエノワに、しっかり苦味のあるカフェクリームを挟む。

<ガナッシュ>
カカオを練り込んだヴィエノワに、濃厚なガナッシュクリームを挟む。

<抹茶>
抹茶を練り込んだヴィエノワに、抹茶のクリームを挟む。

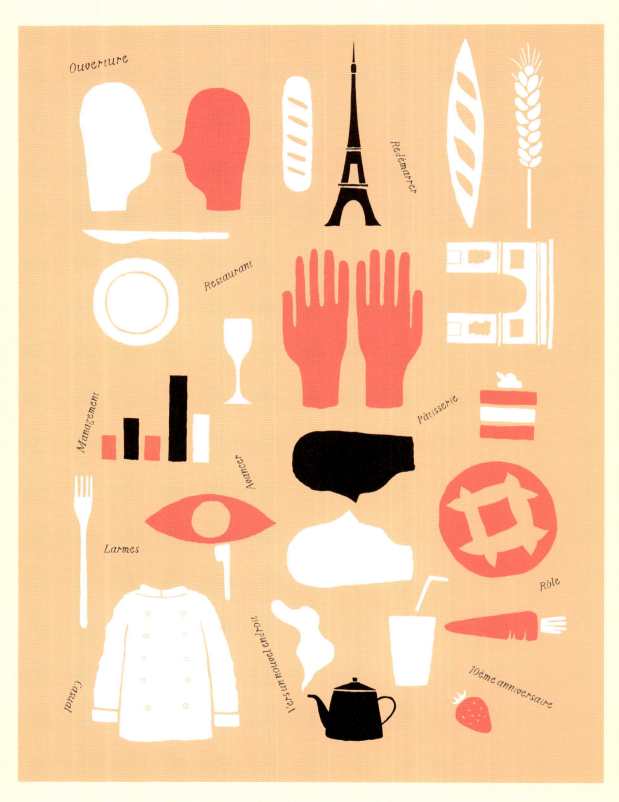

Les Essais | ブーランジェの仕事

Ouverture

Ouverture | 開店

　2004年4月17日、翌月で30を迎える、29歳での開店となりました。以前から「修業を始めて10年」、「30歳」、という一つの区切りとして意識はしていましたが、まさか開店の運びになるとは思いもしませんでした。その昔、この仕事に就くきっかけとなったパンが好きだった彼女の「きっと自分のお店を持つと思う」という言葉が10年越しで現実になった日でもありました。まだ駆け出しの僕の何を見てそう言ってくれたのかはわかりませんが、自分の意思とは違うところで、「いつか店を持つのかもしれない」と思って頑張り続けられたのは、この予言みたいな言葉があったからかもしれません。

　開店までいろいろありましたし、もちろんこれからもいろいろあるんでしょう。ですが、この時を迎え、人生で初めて「勝負できる」と思える位置に立てたと実感できたんです。これは、僕的にとても価値のあることでした。僕の修業時代は、明らかに野球人生への後悔が背景にあったような気がします。振り返ってみても、長く続いたものって野球とパンしかありません。飽き性……って自覚はないんですが、のめり込んで没頭するとか、あまりないんです。その中で、たまたま長く続いた二つが、どちらも中途半端だとしたら、僕の人生にいったい何が残るんやって話でしょ。すでに片方の野球がそうなってしまった以上、もう片方のパンはせめて後悔せずに終わりたい。

　今はもう、マウンドに上がるまでにすべきことをやりきっていないがために、監督の顔色を気にして投げたり、ブルペンにリリーフのピッチャーが入っただけでビクビクしたりするような、あの頃の自分とは違います。もはやトラウマになっていたような、この情けない感情を削ぎ落とすために闘ってきて、「これ以上できない」と言いきれる時間を過ごしてこられた自負がありました。

　ただ、「これ……かなり大変なことになるよね？」と、僕も含めて、周りがことの重大さに気づいたのは、オープン前のレセプション。初めて店頭にパンが並んだときでした。「え！？知ってるパンが全然ないよ？」って、そっかぁ、そうなるよね。一応、「パン屋さん」をやることは伝えていたと思いますが、諸々の準備が遅れていて、「どんな」の部分が上手く伝えられていなかったようです。

　僕がやりたいのは「BOULANGERIE」、パリで見てきた景色をここで伝えたい。パンというツールを通じて、フランスへと想いを馳せてもらいたい。そこにいわゆる菓子パンや惣菜パンは存在しません。トングとトレイも存在しません。ショーケースに入った茶色ばかりの見慣れないパンたちを、ヴァンドゥーズ（販売員）が、僕やパンの代弁者となってお客さんに紹介するのです。わかりにくいことも、知らないこともあると思います。でも、わかりにくいことが不親切とも、わかりやすいことが親切とも思いません。知らないことを知ってもらったり、新しい価値を提供したりすることが専門職の役割だと思っています。

　まぁ、こういう話をしなきゃいけなかったんでしょうね（笑）。急にこんなパンを目の当たりにしたスタッフの戸惑いも無理もないです。招待した方々も開店を喜んではくれましたが、「これ、ここでやるの？」、「大丈夫？」と、帰り際に心配そうにしていました。大丈夫か聞きたいのはこっちのほうでしたが、ある程度は想定内の反応。それより、理

解者がいない中でずっとやってきたので、この日の「味方だらけ店内」の、あったかさったらなかったです。それは、しばし現実の厳しさを忘れてしまうほどでした。

が、この日になって知ったのは、自分が思っているよりも「立地が悪い」ということ。はい、自覚はなかったです。僕からしたら、買い物などの動線からは少しズレているものの、地元目線だとギリギリ足を運んでもらえると思っていました。

でも、この日来てくれた人たちからは、「駅から遠い」、「駐車場がない」といった声が。そんなこと言われたって、わざわざ電車で来る人も、わざわざ車で来る人も、考えもしなかったので。僕はただ、「誰に向けてパンを焼くのか？」と考えたとき、どうせやるなら親や妹、家族のみんなが何かしらお世話になってきたこの地のみなさんに、全力でパンを届けたいと思っただけでした。でも、こればっかりは今さらどうしようもないので、目の前の人たちに届けることだけ考えようと思いました。

レセプションからオープンまで、それほど余裕を持って日程を空けていたわけではなかったので、その限られた中で、多過ぎる問題点を修正しなければいけません。販売のバイトさんやパートさんはとにかくパンの名前と説明を覚えることに必死でした。僕も、パンの完成度の低さにショックを受けていたので、「こんなんじゃ食べてもらえない」と危機感を募らせ、試作に明け暮れていましたが、その前に早くメニューと値段を決めないと。「プライスカードが作れないんですけど！」というクレームが、日に日に激しさを増すばかりでした。

まぁ、何回たずさわっても、オープンなんてこんな感じですよね。上手くいったためしがない。目が

回るような準備を経て、オープンに漕ぎ着けるわけですが、感慨みたいなものより、みんな必死過ぎてピリピリしていたと思います。初日は、オープンにパンが間に合わず、いきなり20分遅れでの開店でした。開店前に、店の前で写真を撮る予定だったんですが、待たされていら立つお客さんのほうに顔を向けられず、必要以上に窯の中をのぞいては、忙しい感を出していました。

配りまくったチラシのおかげで、スタートこそお客さんが来てくれましたが、1周回ったくらいから、2周目に入らないんです。それに、お客さんの反応が「良かった」とは決して言えないものでした。「菓子パンないの？」、「明太フランスは？」、「フルーツのったやつは？」、ほぼ8割方、怪訝な顔をされるお客さんに、毎回、「申し訳ありません、当店は……」と説明に明け暮れるスタッフを見ていると、悪いことしていないのになんだか申し訳なくさえ思えてきたものです。パンだけでなく、「何屋さんかわからない」、「パンの名前が難しい」、「店名が読めない」、「対面販売が緊張する」などなど、挙げればキリがない声をいただきました。不慣れな雰囲気に、入って来るなり帰られてしまうことも日常茶飯事。何回追いかけていって、「とりあえず食べてみてください！」と、バゲットを渡したことか……。

「よくブレなかったね」。この時の惨状を知っている人からは今も言われたりしますが、ブレなかったというよりブレられなかったんです。覚悟を決め、退路を断ちながら、これしかできない特化型の職人を自分で作ってきてしまっていたんです。今があるから、「ブレずに貫いた」とポジティブにとらえられますが、もし店がつぶれていたら、「ブレなかった」ことが一番の閉店理由になっていたかもしれま

Redémarrer

せん。そこは、紙一重でした。

　ただ、乗りきれた理由が一つあるとすれば、この地で店を構えた目的が、「今日の売り上げを確保する」ことではなく（それも大事ですが）、岸部という町から「フランスを伝えたい」という、ある意味、実体を伴わない大きなものだったから、目の前の惨状に神経質になり過ぎずに済んだのかもしれません。山道でも海の中でも、どこかに辿り着くための道なら簡単に避けるわけにはいきません。この道が合っているのか間違っているのか、それを確かめるのに足元が歩きやすいかどうかは判断基準じゃないですよね？あくまで、ちゃんと目的に向かえているのかどうかが、今を確かめる唯一の術だと思っています。そして、その見失ってはいけない目的であり大義こそが、シュクレクールのアイデンティティでもあり、行き先を見失わないための羅針盤でもあったんです。

　他にも準備段階から拭いきれない大きな問題がありました。それはフランスとの圧倒的な食材の差。バターも、小麦粉も、野菜も果物もまるで違う。肉の香りも違えば、卵の濃さまでまるで違う。日本に帰ってきて、日本のパンを作るならまだしも、自分が見てきたもの感じてきたものを、なるべく嘘のないよう届けたいと願うのなら、誰しも直面する問題なんだと思います。

　「素材が違うから」、言ってしまうのは簡単です。でも、それを言い訳にはしたくない。言い訳にしたものを「フランス」だとは語れません。目の前には日本の材料、脳内ではパリを想い浮かべ、身体中に沁み込ませてきた感覚を使って、現実との明確な違いを推し量る日々。手を突っ込んで皮膚に触れる粉の感触、窯から立ち上るツーーンと高いトーンで抜ける小麦の焼ける香り、かぶりつくと小気味良い音の後に、口の中から頬を押し広げんばかりに広がる風味……。「まだ違う、全然違う！」と、取り憑かれたように擦り合わせていた気がします。

　「それ、フランスなの？納得して出せてんの？」、競合他店やお客さんを見る余裕などまったくない自問自答の日々、それは常に銃口を自分に突きつけながら仕事をしているような、そんな狂気を纏った日々だったと思います。

Redémarrer ｜ リスタート

　ただただ遮二無二走った１年目。運転資金もない中で、我ながら、よくつぶれなかったと思います。元々の損益分岐の計算を間違えていたとしか思えません。実際、ほぼ上回った月はなかったはずですから。

　でも、１年を終えて、少しだけですが、目の前の霧が晴れてきた気もしました。売り上げでも、お客さんの反応でもなく、自分自身に対してです。ただ、そんなアンニュイな手応えのまま漠然と過ごしてしまっては、２年、３年と、あっという間に過ぎてしまいそうで、とりあえず、目先の目標を立ててみることにしました。

　まず２年目は、とにかく１年目の数字をすべて超えることを課しました。「何となく上回った」のではなく、狙って上回らなくては、自力もつかない気がしたのです。「無理だ」、「つぶれる」と言われ続けた店が、曲がりなりにも１年持った事実を、３年目につなげられるのか、たまたまだったという結果を迎えるのか、２年目は大きな分岐となる匂いがプンプンしていました。逆に、ここをしっかり乗り切

れたら、何とかやっていける気がしたのです。

　そして、ようやく週末に商圏外からお客さんが来てくださるようになったのも、2年目くらいから。おそらく、オープン後に継続してメディアに出させていただいていたことが、ジャブのように効いてきたのかと思います。大阪市内と違い、雑誌などのリアクションはほぼない立地ですが、しつこく誌面に載り続ける郊外の赤い店に、「いい加減、1回くらい行ってみる?」と、なってくれたんじゃないでしょうか。おかげで週末の売り上げが立つようになり、ど暇な平日を少しカバーできるようになりました。

　そんなこんなで、やっと自分の足で立てるようになってきたのは3年目に入った頃。ここで自分たちのことを見直す時間をとりました。丸2年を経てわかってきた自分たちの強みも弱みもしっかり受け止めて、それを共有することでチームとして掘り下げてみる。それぞれが改めて理解することで、細部にわたって目的意識を持って「シュクレクール」という価値を提供していく。商品以外の部分でも他店との明確な差別化を図っていかなければ、小さい郊外の店はなかなか選んでもらえません。意図してブランディングに取り組み始めた、僕の中では「リスタート」の年であり、今でも核になって働いてくれている人材が入り始めたこの頃から、組織としてのシュクレクールを意識し始めたのでした。

　一番の重要課題に掲げたのは、お客さんとの「店と客」だけではない「関係性の構築」です。常々、「店と客」ではなく「人と人」でありたいと強く思っていたのですが、もともと滞在時間の少ない「パン屋」という業態です。接客だけで届けられることには限界があります。僕もできる限り声をかけて話すようにしていましたが、どうしても一方向からのアプローチになってしまいます。

　そのために、まずその「人」の部分を赤裸々に曝け出してしまおうという試みとして始めたのがホームページであり、後に「切り裂き魔」と恐れられることになった、「なないろめがね」というメルヘンチックなタイトルのブログでした。このブログでは、パンの紹介みたいなものは滅多に出てきませんし、日記のような当たり障りのない記事は書いていません。何を見、何を想い、何を感じ、何を考えているのか、そして「どんなやつがパンを作り、店を作っているのか」を、なるべく明確に読み取ってもらえるよう意識しました。それにより、店に「人格」(のようなもの)を作りたかったんです。「どんな商品を置く店か」より「どんな想いを持つ店か」が伝われば、そしてそれを「いいな」と共鳴する人たちが働いていることが伝われば、それは可能だと思いました。

　嫌いとか苦手だと思われたなら、それはそれでいいんです。仕方ありません。選択されることの中には当然「選ばれない」も入っていますから。一方的に主張だけしておいて「文句は言わないで」なんて、虫のいいことを言うつもりはありません。ただ、全文章に説明責任を持って綴ったつもりです。それはお客さんであったり、スタッフであったり、自分自身であったりに、問いかけるように、言い聞かせるように、絞り出すように、意味を持って、意図を持って、体力と睡眠時間と魂を削りながら、キーボードに想いを叩きつけていました。夜中近くまでかかる日々の仕事の後のそれは、苦行以外の何物でもありませんでしたし、よく「その時間あったら寝りゃいいのに」とも言われました。でも、やり続けた甲斐はあったと思います。嫌だなぁとか、苦手だなぁと

か思う人たちが、目に見えて寄ってこなくなりましたから（笑）。

　フランスの「店と客」の関係性は、日本とは好対照。ユニフォームのあるきっちりしたお店はまた別ですが、私服にタブリエ程度のお店だと、もはやどっちが店員でどっちが客かわからない。店側もガンガン言うし、客側もガンガン言う。ハグもビズも店と客に関係なく、あっちこっちで行われます。なんかね、友達というか、「あなたと私」みたいな距離感。そう、50:50です。客側の権利だとか店側の弱みだとか、そんなしょうもない話じゃない。どっちがどうではなく、みんながハッピーになればいいんです。

　でも、店を始めてみて、知らないというか、わからない人が多いんだなって感じました。その原因の一端は、もの言わぬ店のせいもあるでしょう。それに「お客様は神様」を履き違えた人たちも相まっての「店＜客」の黒歴史。我慢することも日本人の美学ではありましたが、文句とかじゃなくて、責めるとかじゃなくて、意見は意見として伝えないと、上っ面の付き合いなんてどうせ長続きするもんじゃありません。僕はどうでもいいパンを作っているわけではないので、お客さんをどうでもいいとは思いません。なので間違っていたり、こうしたらいいのにと思ったりしたら、それを伝えます。何のために言ってるのか、その結果どうなるのかまで明確に話せれば、建設的な話になると思うんです。

　例えば、親子連れで、子供が走り回っていてもパンだけ見てまったく子供を見ていなかったり、周りに迷惑がかかりそうでも知らぬふりをしていたりするのであれば、僕は店に出て、膝をついて子供の目線になり、あからさまに親に聞こえる声で「あのね、ここはね、遊ぶところじゃないんだよー」と話します。ここでもし、親が逆ギレするようならば、良い関係性が作れなかった両者だということです。ただ、子供が違うお店に行ったときに、チラッとでもこのことを思い出して、「あ、ここは遊んだらいけないとこだったっけ」となれば、それでいいんです。もしくは、「さっきのパン屋で恥ずかしい思いをした」って、真意をくんでもらえなかったとしても、親が後で注意してくれたのなら、目的は果たせています。責任のない子供が、良くなればそれでいいんです。家族連れの来店が多い街場のお店は、そういう役割もあると僕は思っています。

　今はもうHPがあるのは当たり前で、SNSでの手軽な発信により、以前よりある意味「店と客」の距離は近いのかなとは思います。我が子を店員に叱られた親御さんはそれを書いちゃうかもしれませんね。

　そうしたツールにより、お客さんは知らなかった情報を簡単に得ることができ、店側もお客さんと直接つながって、その声を聞くことも簡単にできるようになりました。ただ、それはしょせんツールに過ぎません。関係性の本質は、やはり人と人だと思います。「何を売ってるの？」ではなく、「どんな人がやってるの？」という部分が、お客さんが店を選ぶ選択肢になっていけばいいなと思います。小さなことでも、自分たちの価値観をしっかり貫いていくことが、結果として「そういうとこが好きです」と応援してくれる人たちとの出逢いにもつながるはずです。店がもっと良くなることは、お客さんにとっては良いことです。お客さんが良くなっていくことも、お店がもっともっと頑張る力になります。一緒に学んで、一緒に気づいて、一緒に良くなっていければ、素敵な未来しか待っていない気がするのです。

　ものづくりに対する良い気づきを得たのもこの頃

Pâtisserie

でした。僕は「パン職人である前に、表現者でありたい」と、生意気ながらも強く思い、常々口にしてきたのですが、「あれ？ちょっと待てよ」と。今やっていることは、果たして「表現」と言えるものなのか。オープン以降、「パリで食べた、あの風味。パリで嗅いだ、あの香り。パリで感じた、あの感覚」、それらをずっと追いかけ、素材の違いに翻弄され、日本での暮らしによる慣れやDNAに引き戻されてしまう必然を拒絶し、跳ね除けながら、否応にも薄れていく記憶に恐怖すら覚えるくらい、常に見ている先はパリだったように思います。

でも、僕がこれまで必死こいてしてきたことは、残念ながら「表現」ではなく、「再現」に過ぎなかったと気づいたんです。「あーー、そっかぁ！」と、再現と表現の解釈（もしくはニュアンス）の違いに落ち込みながらも、わりとすっと腑に落ちたんです。それはたぶん、この歳月の中で、僕の中の再現に目処が立ってきていたからだと思います。自分の中でモヤモヤしていたのは、たぶんこういうことだったんだなと。早めに気づけて良かったです。

だから、ここも「リスタート」。店も、ものづくりも、2年の歳月が、これからに向かうための強い基礎の部分を作ってくれたと感じました。

Pâtisserie｜パティスリー

あるとき、うちが入っている物件の管理会社さんから連絡がありました。「隣の空き物件に申し込みがあったんです。葬儀屋さんなんですが、ちょっと私どものイメージする職種とは違うんです。シュクレクールさん何かする予定とかありませんか？」。

店のある吹田市というところは、日本初の大規模ニュータウンとして1962年に開発された「千里ニュータウン」を抱えたベッドタウン。静かで緑が多く、「住みやすい街、北摂」としてのイメージもあり、長く暮らされる方が多いのです。当初から住んでいる方々は、暮らし始めて50年を越えています。……ってことは葬儀屋さん、めちゃめちゃ将来性ありますよね。吹田市に限らず、これからどんどん需要が増えていく業態です。もし契約されたら、出ていく可能性は極めて低い。でも、急に「何かする予定ないですか」と言われても、うちは7年返済の借り入れが、ようやく3年ほど終わったくらい。「今」で精一杯だったので、「次」なんて考えたこともありませんでした。

とは言え、うーーん、さてどうしたもんでしょう……と迷いながらも、すでに借りることは決めていました。薄っすら記憶の片隅に「隣が空いたら借金してでも押さえなさい」って、昔、母親がパートで働いていたお店のご主人が言っていた言葉が残っていて。僕、素直さが取り柄なんです。

それに、みなさんご存じですか？「出店して店をやりくりしている」という事実は、実績として「信用」につながるんです。「あれ？」ってほど、簡単にお金を借りられてしまうんです。一種のマジックです。開店時はめちゃくちゃ厳しかったので、余計に「借りられるってことは、借りて大丈夫ってこと……だよね？」って思っちゃいますよね。

結果、シュクレの倍額借りました。はい、まんまとマジックに引っかかった口です（笑）。お世話になっている税理士さんには、「そのときから見ていたら絶対やらせていない」って、笑いなしで言われました。10人中10人がそう言うでしょうね。

でも、僕なりの嗅覚はお金以外のとこ（だけ）に

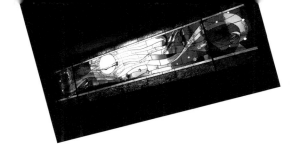

働くんです。この頃は、やっと厨房のスタッフが定着した時期でした。しかも、後に寝屋川にて「ビエル」をオープンした伊藤がいて、同じく京都長岡京にて「サンク」をオープンした宮本がいてと、初めて、少し目が離せるかなという環境になりました。

そんなとき、横の物件が空いて、しかもそのタイミングで、知り合いのパティシエの身体が空いたんです。「……ってことはこれ、なんかやれってことやん」。もはや思し召しだとすら思ってしまいます。僕の決断はいつもこんな感じです。完全に自分基準ですが、必然性と正当性をとにかく何度も何度も考えます。あればやるし、なかったらどんなに良いと思う話もやりません。

厨房の環境が変化した。変化したのに何か変えなければ、変化という結果は待っていても生まれません。変化のタイミングで変化するから変化が生まれるわけです。

さらに、ちょうどブランディングを明確に進めて行こうと思っていた矢先でした。このアクションは、うちが何を想い、どんな道を進む店なのかを内外に示す良い機会とも言えます。

では、この機会に、どんな印象を与えたいのか。まずは、やはり「これでもか」と、フランスを打ち出したい。もっと濃くフランスでありたい。なぜなら単純に大好きだから。滞在期間も短かったし、知らないことのほうが多いですが、だからこそ「よりフランスへ」と、焼けつくほど恋焦がれていました。

そして、「おもろい会社やなぁ」と思わせたい。これは非常に大事なことで、こちらが仕掛けることが、お客さんの想像の範疇に着地した段階でもう負けだと思っています。「はいはい、そうくると思ってました」なんて、最悪です。今回のケースだと、「横空きました！拡張してイートイン広げました！」なんて、十中八九思われてしまうので、まずそこを避けたい。「そう来るか！？」って思わせたいのです。

発表の日、ブログの閲覧数がめちゃくちゃ増えたんです。関心を集めきった中で発表したのは、「パティスリー開業」でした。「は？」、「え？」って、なってくれたら僕の勝ちです（笑）。そこの駆け引きにこだわり過ぎて、実際のパティスリーの勝算をおろそかにし過ぎてしまったのは、誤算でしたけど。

と言いましても、さすがに全部が行き当たりばったりじゃないですよ。そこまでクレイジーではありません。シュクレクールを3年やらせてもらって、パンだけでフランスを表現することへの制限みたいなことも感じていました。と言うより、そうしようと思うこと自体に無理があるなぁ、と。だったら、フランス菓子という違うアプローチで、多角的にフランスを感じてもらいたい。ブーランジュリの横にパティスリーがあるからこそ、それぞれの役割の違いを感じてもらいやすいかもしれない。そして、ブーランジェに「パティシエって、すげえな」って思わせて欲しい。僕らも「ブーランジェ、すげえな」って思わせたい。

会社の中に異業種があることで生まれる学びや相乗効果も期待して、2007年11月、シュクレクールの隣に「Pâtisserie quai montebello」（パティスリーケ モンテベロ）を誕生させました。スペシャルにはなれなくても、作り手もお客さんも真摯にフランス菓子と向き合えるような、そんな「パティスリー」の名に偽りのない店としてありさえすればいい、そう願った船出でした。

Management

Management | 経営

　僕が「経営」というものを意識するようになったのは、この頃からです。と言いましても、してなかったことをし始めたよって話で、僕みたいな下手くそ風情が、調子乗って経営を語るなんて小っ恥ずかしいことはしません。

　それまでも、もちろんお店を営んでいるので経営はしているんですが、仕入れたもので商品を作って売り上げを得て、商品が売れなければ作るのも減り、自ずと仕入れも減るわけです。余分な人材を雇用するなんて馬鹿なことするわけないし、初期投資に無理さえしなければ、あとは普通のことをしているだけ。とりあえず損益分岐点さえクリアできれば数字は回ります。正直、「経営って何？」って思っていました。僕ら程度の規模の店には関係ないのかと本気で思っていました。でも、それはまだ需要を求め追いかける側だったからというのもあります。

　一人で始めて、身内に手伝ってもらったり、パートさんやバイトさんに隙間を埋めてもらったりして、少しずつパンを買ってもらえるようになるにつれ、一人雇い、足りないからもう一人募集かけてと、いつしか需要の広がりに態勢が追いついてくると、今度は開店時にはなかった新たな問題点が見えてきます。機材も壊れたり、容量が足らなくなったりしてきます。そのあたりで初めて「経営判断」なるものを下さなきゃいけなくなります。

　僕の場合、自分が作るパンが受け入れられるのか、店を続けられるのかどうか、それがそもそも危うかったので、「なんとか10年続けたい」くらいしか目標もありません。

　「ちゃんとせな！」と思わせてもらったきっかけは、一人の女性社員の入社でした。それまでと何が違ったかというと、厨房はずっと独立志望のスタッフばかりだったんです。だから、「その目的を達成するお手伝いをする代わりに、僕の店も手伝ってね」っていう関係性。いわゆる「修業先」のスタンス。それが、その子の志望動機は「関わりたい」でした。

　「関わりたい……って何？」。初めてのことだったので、正直、戸惑いました。どういうニュアンスで受け取ったらいいのか、どういう感じで接していったらいいのか、見当もつきません。ただ、よく来てくれるお客さんでもあったので、「ここに関わっていたいです」は、「こんなパンを作れるようになりたいです」と違って、お店の内面を見てくれているようで、嬉しかった記憶があります。

　独立志望の子は、ある程度のスパンで辞めていきます。その期間の中でどれだけ仕上げてやれるか、本人次第の部分は大きいですが、受け入れた側の責任もあります。その責任を盾に、多少雑な扱いでも大丈夫だったりもしました。でも、今度はそうはいきません。いつまでいてくれるかもわからないし、すごく長くいてくれるかもしれない。何がモチベーションなのかもわからないから、モチベーションを保てるよう飽きられない変化も生んでいかなきゃいけない。つまり、働きたいと思ってくれる子が働き続けられる環境を作っていかなきゃいけない。それって、どうしたらいいの？　一人の社員の入社によって、やっと目を向けられた問題でした。

　店が回っていることが「経営」ではないんです。継続可能な未来を、自分たちで作っていかなければいけません。社会に存続していく価値を持たせながら、社員がやり甲斐を持って働ける環境を整える。

難しいことはよくわかりませんが、ひっくるめると「ここで働けて良かった」ってことです。

その頃から「あれ？こんな自分が経営者でいいの？社長やっていいの？って言うか、やれんの？やれてんの？」って、みるみる不安になってきたんです。そこからとりあえず、手当たり次第、本を読み漁りました。できませんじゃ済まないですから、足らないところを少しでも埋めなければならない、と躍起になっていたと思います。ただ、大事なところは忘れないように書き記しておこうと思ったんですが、1冊読んでも少ないときは本当に数行程度で、多くても3ページ分くらいしか書くとこがない……。初めは自分が無知で理解できないからだと思っていましたが、実はそういうことでもなかったようです。

逆に、曲がりなりにも数年間シュクレクールを経営しているこの段階で、読むことすべてが新鮮で書き写さなきゃいけないことばかりだったとしたなら、おそらくシュクレクールはすでに閉店の危機を迎えていたことでしょう。全力で向き合ってきた店の日々の中には、何気なく大切なことが散りばめられていたんですね。

大きな会社ではないので大袈裟なことなど何も起こりませんが、それでも小さな選択と決定の連続です。そこには当然ながら判断基準があり、判断理由がなくてはいけません。それは僕の信念であり、シュクレクールの理念であるわけです。たいして良い方向に導いてあげられているわけではないので、それが「正しかった」とまでは言えませんが、せめて「大きく間違っていたわけではなかったんだ」という確認にはなりました。

知らなかった視点を得ることは、新たなツールを得るようなもので、そのツールがバラバラだった僕の思考を区分けし、整理してくれた気がします。その結果、漠然と思っていたことも明確に言語化できるようになり、周りにもシンプルに伝えられるようになりました。

ただ、「経営とは何か」という問いに対してなかなか腑に落ちるような答えが見つからなくて、「学のない自分に、会社の舵取りなんてできるのか」という不安はしばらく拭えずにいたんです。そんなとき、ある言葉に出逢えました。——「経営学とは統計である。そして経営とは実践である」。これです、ずっと欲しかったのは。「経営とは〜である」という一つの定義。この言葉のように「経営は実践」であるならば、少なからず僕だって「経営」してきたんだってことです。能力的なものは置いといて、限られた人じゃないとできないという代物ではなかった。これで、少し肩の力が抜けた気がしました。「僕がこの店の経営者でも、とりあえずいいんだね」と、やっと思えました。

そして、自分が経営者としてすべきことに気がつきました。パン職人として10年修業して店を出せたのと同じように、経営もまた同じように、意識し、意図して、10年かけてしっかり修業し、経営者の端くれになっていかなきゃいけないのです。それは、店を始めて人を雇った時点で付随する、逃げることのできない役割であり責任なんだと思うんです。「向こう10年の決定は、すべて学びだと思え」、そう自分に課しました。むしろ「失敗するのも経験」くらい割り切れるようになると、いろんな決断が少し楽になりました。

会社とは、僕は「自己実現の場」だと思っていて、僕だけじゃなく関わるすべてのスタッフに同じこと

Restaurant

が当てはまります。会社を、目的に近づくための手段として有機的に利用してくれたらそれでいいんです。こうならなきゃいけないなんて決まりはありません。みんなそれぞれがなりたい自分になるために、利用したらいいんです。そのエネルギーを僕らが推進力に変えていければ、それだけで多様性が生まれ、楽しく活気ある会社になると思うんです。基本的には、そうやって勝手にやってくれたらいいと思っています。問題を共有し、助け合って、それぞれの目的の達成を応援し合えるような、そんな仲間になれたら……と願っています。

「そんなの理想論だ。現実はそんなに甘くない」って言われたって、「お前の会社じゃねえわ」って言えますからね（笑）。せっかく自分たちで決められる権利を持って会社を運営しているんです。あくまで理想を追いかけたいし、綺麗事だと言われることを形にしたい。甘くないのは重々承知です。でも、甘くないから甘くしたい。会社は個人の所有物じゃないんです。使ってもらってなんぼですよ。パンも、お菓子も、料理も、店も会社も、作るのはそんなに難しくないわけです。

これらはすべて、人を幸せにもできますが、不幸にもできます。ものを生み出すすべてに、責任は付随すると思うんです。「あって良かったな」って思ってもらえないものを作ったとしたなら、作り手としては最悪ですから。

Restaurant｜レストラン

今となっては、レストランとの関わりの深さは、うちの特徴の一つでもありますが、そもそも店の周りには飲食店自体が少なく、初めはまったくと言っていいほど関わりはありませんでした。少しずつ世間に認知してもらえるようになるにつれ、チラホラお声をいただくようになりましたが、「本で見たから」とか「近所でたまたま見かけたから」という程度で頼みに来る人が多かった気がします。中には、「もっと白くて軽いフランスパン作れない？」なんて言われたこともありました。にっこり笑ってお引き取りいただきました。

そんなこんなで結果的にはすべてお断りするような出だしでしたが、それは「お互いが活きてこそ」との想いが強かったからです。大事なのは相性なんです。うちのパンが料理を食っちゃっても意味ないんです。まだその頃は……って今もそういうは風潮ありますが、「主張のないパンのほうが料理が引き立つ」って発想。それ、存在が消えていて邪魔にはならないだけで、別に引き立たせてもいませんからね。

うち散々言われましたもん、「味が強すぎる」って。なんで、そっちに合わせる前提なんですかね。「パンを使ってやる」くらいの言い方です。「パンが強いんじゃなくて、料理がしょうもないだけじゃないすか？」って、何度言ったかわかりません。駆け出しの若造に言われて腹も立ったかもしれませんが、「味の濃さ」じゃないんですよね。それが言っても伝わらない。塩にビビって、酸にビビって、エッジの立たないボケた料理ばかり。

パリで働いていた店では、同じパンでも三ツ星に送られたり、近所のカフェに送られたり、どのジャンルにも分け隔てなく普通に使われていました。精進料理に合わせるわけじゃあるまいし、ちゃんとフレンチやっているなら合うはずなんだけどな……と、いつか理解してくれる人が出てくることを、心

のどこかで待っていた気がします。

　良い流れが生まれ始めたのは、一軒のちゃんとしたお店との取引が始まったことがきっかけでした。市内のそのお店のシェフは、オープン前には研修に来てくれて、何かと「知ろう」としてくださいました。おのずと信頼関係は生まれてきますよね。自分のパンを託すわけですから、どう接してどう扱われるのか、やはり人を見ます。中にはパンを雑に扱うスタッフをめちゃくちゃ怒ってくれたシェフもいます。やはり、大事にしてもらっていると嬉しいものです。

　そして、もう一つ嬉しい瞬間は、うちのパンがちゃんと「そのお店の子」になってくれているのを目にしたとき。食事に行って、当たり前のように置かれた見覚えのあるパンが、料理の流れや味覚構成を妨げず、違和感なく存在してくれていたとき、「良いところに嫁げて良かったね〜」ってしみじみ思っちゃいます。

　当然、僕ら側としても「渡しておしまい」なんてもってのほかです。テーブルにのせてもらう以上、自覚と責任を負ってパンを作っています。素敵な時間を提供するためにレストランがかけている時間や労力は半端ないです。お客さんが支払う対価も、パン屋のそれとは比べものになりません。僕らのパンがその時間を壊してしまうことなど許されません。離れていても、常に同じ店のチームの端くれだと思っています。

　あまり考えていなかったメリットですが、レストランで食事をされた方が、「どこのお店のパンですか？」と、わざわざレストランの方に聞いて買いに来てくれることが増えました。レストランとの関わりは、自分たちだけではなかなか越えられなかった二つの垣根を、なくすまではいかなくても、かなり低くしてくれる役割を担ってくれたんです。

　一つは「大阪市内と岸部の距離」です。まだまだ市内や遠方からお客さんを呼ぶ力などなかったので、来ていただかなくても食べてもらう機会をもらえたことは、とても嬉しかったです。

　もう一つは「パン好きさんとレストラン好きさん」。今はだいぶ境もなくなってきて、ざっくり「食」を応援してくださる方が増えましたが、当時は「パンはパン、料理は料理」と、はっきり分かれていた気がします。パン好きさんはパンばかり、レストランに行く人は案外パンのことはおざなりで。それが、うちのパンがあるからと食事に行ってくれたり、パンに無頓着だった人が岸部まで通ってくれるようになったり。

　その後、ワインが食卓に入ったことで両者をつなぐ接点が生まれ、チーズや生ハムと一緒に食事用のパンも求められるようになってきた気がします。

　僕がこの業界に入ったときには「カフェ」なんてオシャレなものもなかったし、当然うちみたいな店だってなかった。ホームページですら一般的ではなかったし、ガストロノミーといえばフランス一辺倒。日本ワインなんてブドウ産地のお土産用加工品みたいなのがほとんどでした。そういう意味では、シュクレをやってからの歳月は、食に対する環境や意識が目まぐるしく変わってきた時期だったのかなぁって思います。

　レストランとの仕事の中で、とくに大きく僕に影響を与えてくれた出逢いが、2008年開業の「Hajime RESTAURANT GASTRONOMIQUE OSAKA JAPON」（現在は HAJIME）であり、米田肇シェフでした。開店からミシュラン三ツ星獲得までの最

Avancer

短期間記録を打ち立て一躍脚光を浴びて以降も、道なき道への挑戦を続ける求道者であり開拓者です。ですが、僕らをつないでいるものはむしろ、お互いが何もなかった時代から変わっていない部分なんだと思います。

実は、昔働いたレストランで、ほぼ同期入社だったんです。そんな米田シェフに、「なんで不味いのに作ってるの？」って不思議そうに顔をのぞき込まれながら聞かれた衝撃の質問は、きっと夢か幻だったと言い聞かせて心に絆創膏を貼っています。最初は質問の意味がよくわかりませんでしたが、つまり「君のパンは美味しくないね。美味しくないのがわかっているのに、なんで作るのかな？」ってことですよね。……って、やかましいわ！誰が美味しくないパン作ろう思って作るやつがおるんじゃ！

と言ってもね、結局美味しくなかったら同じなんですよ。「美味しいパンを作ろうと思ってやってます！」なんて、だからどうしたって話ですからね。目が覚めた感じでしたよ。ただ、正直、最初は彼のことがめちゃくちゃ苦手でした。オブラートの包み紙を外すと、ちょっと嫌いでした（笑）。とにかく仕事に厳しく、「そのくらいええやん」のない人。でも、その目を他人以上に自分にも向けられる人でした。その頃から、はみ出るほどの熱い想いや仕事に対する異常なくらい真摯な姿勢はまったく変わりません。その強力な磁石にいろんなモノやコトが吸い寄せられて、今が作られているんだと思うんです。

「昔の同僚にパンを使ってもらっている」、それだけでも感慨深いものはありましたが、彼のおかげで僕はパリで働いていたお店と同じように、「ミシュラン」をより身近に体験させてもらえましたし、岸部にいながらにして「世界」というものを垣間見させてもらえました。「刺激になる」なんておこがましいくらい、学びや気づきをいただいています。一番身近でありながら一番尊敬する料理人であり、仕事の話もせずただ内容のない話のできる友のようであり、辛く苦しいときには必ず肩を貸してくれる兄のようであり。

ただ、僕らの仲を急激に強く結びつけたのは、パリで僕の3畳くらいの部屋に米田シェフが泊まった際に、ソファーベッドに寝転がりながら朝まで熱く語り合った、お互い他人にあまり理解されてこなかった恋愛観の一致だったと確信しています。

Avancer | 踏み出す

僕の中にずっとモヤモヤしたまま解消できない二つの問題がありました。一つは自分が働いている飲食業の問題。もう一つは、自分の娘をきっかけに考えるようになった障害者の問題です。

22歳で授かった長女は、重度の障害と共に生まれてきました。心の貧しい僕などは、「なんでうちに……」と、受け入れきれない時期もありましたが、懸命に目の前の難題と一つ一つ向き合い、小さな命を育み生きようとする母子の姿に、そんな澱みはいつしか消えていきました。

そして、今まで不自由なく生きてきた社会が、どれだけ健常者に特化したものなのか、嫌が応でも目の当たりにしていくことになります。その特化した社会に該当せず、不自由さを感じながら生きることを強いられている人たちがたくさんいることも、目の当たりにしていくことになります。

同じ町に、同じ社会に生きていても、違う世界に分けられているように感じる日本の社会。当然、そ

のおかげで守られていることもあるんですが、その隔たりが、意識の隔たりをも無意識のうちに生んでしまっているのなら、配慮された区別とは違う気がするんです。接点が少な過ぎて他人事のように思われますが、いつどんな障害が身体に起こるかはわからないのです。「誰もが分け隔てなく関わり合える社会」って、そんなに難しいことじゃないと思いませんか？

もう一つは飲食業を側から見ていて小僧の頃から思っていたことですが、まずは「飲食業やからしゃあない」がやたら多い。僕は厳しい系の終わりの世代で、無法地帯だった上の世代や、何とも言えないやりにくさのある下の世代の両方を見ていますが、それでも一般社会では到底理解できない「飲食あるある」の中で存在していることは否めません。根本的に違うものを、一律、何かに当てはめて規制すれば良いとはまったく思いませんが、良くも悪くも特殊であることは間違いないわけです。それらを「できない言い訳」にはしないよう、改善していかなきゃいけない問題は山積みです。

あと、内側はそんなんのくせに、かなり外的要因に頼って存続している業種ってことも感じていました。足を運んでくれるお客さんに支えられ、話題として取り上げてくれるメディアや、評価してくれる外部機構（口コミサイトやミシュランなど）によって、「盛り上げてもらってる」のが飲食業だと感じていました。確かに「食べる」という行為が続く限り、飲食業は続いていくのかもしれませんが、社会の中に存在させてもらっている以上、せめて「自分以外の誰か」のことくらいは考える意識は持たないと。そういう小さなつながりや支え合いの連鎖が「社会」を構築しているわけですから。

とはいえ、「じゃあ、お前は？」と言われると、店を構え、決定権もあるにも関わらず、何もできないまま時が過ぎていきました。長女を授かったことの僕なりの意味も、ずっと探してはいましたが、娘が通っているリハビリ施設で子供たちが描いた絵を、店内に展示する程度しか浮かびません。ただ、哀しいことに展示するスペースもなければ、その程度のアイデアなんて自分への慰めみたいなもんです。「やらないよりマシ」にもほどがあります。拘束時間の長い自分たちの仕事で、継続的に何ができるのか、自分以外の誰かのためになんてことが、現実的に可能なのか。でも、いつまでたっても思っているだけで行動に移せないのは、ただ眺めているだけの傍観者と変わりありません。

そして僕は、傍観者は加害者に限りなく近いとも思っています。いい加減、こんな自分に、嫌悪感すら抱くようになってきた頃、東日本大震災が起こり、「こんなのグダグダ考えてる場合やないわ！」と、諸々の構想はストップしたのでした。

震災から1年が経ち、これまでの、生きるために耐え忍んで食べてきた食事ではなく、これからに向けて、思わず笑顔が溢れ会話が弾むような食事を提供しようという「青空レストラン」の開催に声をかけていただきました。震災直後から現地に足を運び続けている方々の話を聞き、いまだ残る悲惨な現状を目の当たりにしながら向かったのは、宮城県女川の山間に作られた仮設住宅でした。

僕が作ったのは、ビーツを練りこんだハンバーガー用の赤いバンズ。そこに、東西のシェフたちによる、趣向を凝らしたパティや野菜をはさみ、スープを添え、お酒を酌み交わしながら、僕らができる精一杯の美味しい時間を一緒に過ごさせてもらいま

した。

　楽しい時間はあっという間に過ぎ、そろそろ片付け始めようかというところに、先ほど「足が痛くて」と話していたおばあちゃんが、ゆっくり歩いて来るのです。「岩永さ〜ん！」と呼ばれたので駆け寄ってみると、「こんなハイカラなパンが食べられるなんて、本当に生きてて良かった」、そう言って涙を流してくれていました。その涙を見た瞬間、僕の中のいろんな澱みまで流れていった気がしました。

　震災が起こり、この日ここに来るまで、「自分に何ができる？」と問うてきました。そして「自分なんかに何もできやしない」と尻込みしてきました。ニュースで見るような芸能人やスポーツ選手が行ってあげるのが一番嬉しいんだと、目をそらしてきたんです。結果として、丸1年かかってしまったんです。でも、今、目の前で一人のおばあちゃんが、涙を流してくれています。それで良かったんですね。それだけで十分だったんです。このおばあちゃんのためだけにすべての時間と労力があったとしても、本望だと思えました。何か不相応な「できること」を妄想し、それに二の足を踏んでいた自分が恥ずかしくて仕方ありません。何かできるからやることばかりじゃない。何ができるかわからなくても、何かすることから始まることもあるんだって、改めて教わったような気がしました。雪がチラついて風の強い、とても寒い日でしたが、東京、大阪、宮城からの仲間たち、そして仮設で暮らすみなさんと一緒に過ごしたかけがえのない時間は、自分の中にある「想い」と、もう一度シンプルに向き合ってみようと思わせてもらいました。

　吹っ切れた僕は、手話で会話しながら店に入って来たお客さんを見つけると、いても立ってもいられず、「ちょっとお話を聞かせてもらえませんか？」と声をかけていました。席についてもらい、筆談で「こういう想いがある。でも、モヤモヤ考えているだけで何も進まない。僕らが何をしたら助かるとかありますか？」と聞いてみました。二人が顔を見合わせた後、すぐに綴られた文字は、「お店に行きたい」。あまりに拍子抜けで、あまりに切実な言葉でした。「……え？」、一瞬きょとんとなりましたが、すぐに恥ずかしさと申し訳なさが込み上げてきました。来たらダメとは言ってないだけで、ウエルカムのサインなんて出したこともなかったです。やれることや、やらなきゃいけないことは、こんな簡単なことからあったんです。

　そして、簡単だからこそ、いつも「時間がない」と嘆いている飲食店でもできるじゃないですか。これくらいで少しでも足を運びやすくなるのなら、お安い御用です。事実、情報は平等でも、機会は不平等だったのかもしれません。

　もし、僕らのウエルカムのサインが届いて、なかなか来られなかった方々が来てくれたら、店内にさまざまな接点を生むことができます。いろんな人が気兼ねなく集える機会が必要なんです。同じ社会にさまざまな人がいることを認識することが大事なんです。その小さな拠点に飲食店がなれたなら、こんな嬉しいことはありません。

　施設を作っても、おそらく利用者は限られます。でも美味しいものがあるなら人は集います。飲食は人と人をつなげるツールとして、営利活動以外でも社会の中で必要とされる存在になり得ると確信を持ちました。いえ、むしろ、僕らがフォローしていかなければいけないことが社会の中にあることを自覚すべきときなのかもしれません。僕たちが常に開け

Casual

ているつもりだった間口が、いつか本当に分け隔てないものになれたなら、小さくともそこに目指すべき社会の景色が見えるんじゃないでしょうか。

そして、いつか誰もが息苦しさを感じない、違いを受け入れる優しい世の中になるよう、そのツールとして「食」が積極的にお手伝いできるよう、一滴一滴の小さな雫がいつか流れを生めるよう、そう願いを込めて、2011年、非営利団体「NPO法人essence」を設立しました。

Casual｜カジュアル

シュクレクールが軌道に乗り、パティスリーも立ち上げ、レストランとの仕事も増え、NPOも踏み出しました。パン作りも、半年ほどしかいなかったフランスへの想いを劣等感で終わらせぬよう、掻き集めるだけ掻き集めてガソリンぶっかけて点火し、轟々と燃やしながらで走ってきました。鋼の鎧で全身を覆い、剣先にパンを突き刺し、「フランスはね！」と、お客さんに突きつけていた気がします。しかし、その燃料も、そろそろ底を尽いてきたと感じるようになり、自分の出した排ガスによって、窒息しそうな息苦しさにさいなまされるようになりました。一方で、さまざまなヒトやコトの出逢いが新たな学びや気づきを生み、「今の自分を素直に映したパンを作ってみたい」、そんな感情が頭をもたげてきたんです。「それは、掲げてきた"フランス"に対する冒涜じゃないのか？」、その葛藤の答えを見出せぬまま、10周年という大きな区切りが近づいてきました。

そんなとき、1通のメールが届きました。東京は青山にある「レフェルヴェソンス」の生江史伸シェフから。「もう1軒、レストランをやることになったんだけど、そこのパンをお願いできませんか？」。以前から親交があり、信頼できるシェフでしたので、二つ返事で引き受けさせてもらうことに。

電話でのパンのヒアリング中、1冊の洋書の写真が送られてきました。「あ！ここ唯一、行ってみたいお店です！」と反応すると、「ちょっと待ってね」と生江シェフ。10分ほど経ったでしょうか、「受けてくれるって」と、行きたいとも言ってないのに、サンフランシスコでの研修が勝手に決まってしまいました。

本の舞台は、サンフランシスコのミッション地区にある、「タルティーン・ベーカリー」というパン屋さん。たまたま韓国で、現地の会社のお手伝いをしていたときに見かけたその本は、写真から香りが漂ってきそうなくらい美味そうなパンの表紙だったんです。

しかし、それと研修とは別の話です。そもそも英語が中1の2学期レベルなのに加えて、中途半端にフランス語が入っているもんだから、英語が出てきません。おまけに正月休み明けから渡米のスケジュール。言わば、僕だけダブル正月休み。「そんなのできるわけないでしょう」と断ろうとすると、「行かないの？もったいないなぁ」、「研修とか取らないお店なんだけどなぁ」って、断っている僕のほうが優柔不断なショボい人みたいに思えてくる、生江マジック。もはや「伸るか反るか」の判断です。

結果、「してやられた」感を抱えつつも、文字通り「右も左もわからない」サンフランシスコの空港に降り立っていたのでした。

サンフランシスコの予備知識は、関空で購入した

10ème anniversaire

『るるぶ』くらい。ゴールデンなんとかブリッジとか、クラムチャウダー、坂が多いことが有名な観光地なんだそう。

それより僕が抱いていたイメージは、「地産地消」や「ファーマーズマーケット」、「オーガニック」という言葉や思想を広めた、世界的に有名なアリス・ウォータースのレストラン「シェ・パニース」のお膝元だということ。食を中心とした有機的な営みとフラットな関係性におおらかな人々。そういった意識や取り組みが街のイメージになるって、なかなかないことだと思うんです。

実際に街を歩いてみると、回収され肥料へと還元するための「生ゴミ」の分別がレストランの厨房にあったり、ほとんどのお店の入り口には車椅子で来られる方への案内が記されていたりと、本来、当たり前であるべき日常が、この街にはありました。日本では感じられない大事なことが、ここにはたくさんある、そう確信しました。

一つ、引っかかっていた言葉があったんです。それは渡米前、タルティーンから送られてきたメールにあった、「カジュアル」という言葉です。「うちはカジュアルな店だから、コックコートで来ないでね」と、ありました。「パン屋だから、そりゃカジュアルでしょ」と、不思議に思いながら訪れたタルティーンに足を踏み入れた途端、ハッとしました。「ほんまや！こりゃカジュアルやわ！」。そして「あぁ、うちはカジュアルじゃなかったかもしれんなぁ……」と、少々嘆きに近い感情も抱きました。

研修が始まっても、思うことは同じでした。確かに、シェフのチャド・ロバートソンの仕事は素晴らしかった。その理念の元で作られたパンも素直に美味しかった。ただ、一番は彼が良い空気を纏っていたこと。そして、それがお店の空気としても流れていたこと。僕が感じた「カジュアル」とは、目に見える部分ではなかったんです。

心がカジュアルなのかどうか。いつも普段着で、覆わない、飾らない、誰もがとてもオープンです。片や、普段着どころか鎧ですからね（笑）。「あぁ、こういうことか……」と、ガスで充満した鎧を脱いで、大きく深呼吸してみました。「あ、僕は僕でいいんやわ」、何かがストンと落ちた気がしました。

とは言え、帰国後しばらくして、開店以来、初めて入院してしまったんですけどね。蓄積した過労とストレスという、ありきたりな原因でしたが、何も病室に持ち込まず、何も考えない時間にしようと努めていたんです。すると、サンフランシスコで感じてきたあれやこれやがスーッと、テトリスみたいに、うちの問題点のブロックに、改善策のブロックとして降りてきたんです。あら。あららら。と眺めていると、それがバシバシ当てはまっていくんです。

「よし！改装しよう！」と決めたのは、10周年まで残すところ3カ月を切った2月のことでした。

10ème anniversaire | 10周年

そんなこんなで、シュクレクールは2014年4月17日に、無事10周年を迎えました。急きょ決まったリニューアルも、1カ月半ほどしかない中で、工務店さんの驚異的な頑張りにより、間に合わせることができました。それに伴うコンセプトの変更も、同じく1カ月半の中でスタッフと共有し、お客さんにお披露目することができました。大きな軸は、やはり「カジュアル」です。店も、人も、どれだけカジュアルな存在になれるのか。お客さんにもっとカ

ジュアルに過ごしてもらうには、どうしたらいいのか。広くない店ですが、思いつくことすべてを詰め込んでやってみました。

店に入ったお客さんは、まず大きなテーブルと、席数が3から14に増えたことに気づくでしょう。1mほど外に広げてできたスペースに、くつろげる場所を設けました。

ハンドドリップのコーヒースタンドも設置。「美味しいコーヒーを飲んでもらいたい」ってこともちろんですが、「パンと一緒にコーヒー飲んでいこか」って気軽に立ち寄ってもらえる間接的な効果を求めました。それに、いつも僕らが作ったパンを販売してくれているスタッフにも、自分で作ったもの（淹れたもの）をお客さんに手渡すという行為を、仕事のバリエーションの中に加えたかったんです。大勢のお客さんを対面販売で迎えることで手一杯のスタッフたちからは、軽いブーイングも起きましたが、「大丈夫、やれるって」というアンニュイな励ましで押し切りました。

10年替えずに黄ばんだ壁紙も一新、それだけでびっくりするほど明るくなりました（笑）。

サービスの子たちの制服と、厨房のコックコートもやめました。それだけで空気が和らいだ気がしましたし、僕にとってのそれは「鎧」そのものでしたので、本当にズシッと重いものを脱ぎ去った気分でした。

改めてリニューアルした店を眺めながら、しみじみ「良かったなぁ」と思ったことがあったんです。それは、10年前に思い描いた店にならなかったことです。「床だけはちゃんとしとこう」と言われた以外は、ドラマのセットのような店でした。オープンさせてもらえただけでもラッキーでしたから、

高望みは一切していません。でも、だからこそ本物には強烈に憧れました。10周年を迎えられたら、ショーケースはフランスから取り寄せたものを、シャンデリアや椅子やテーブルも、アンティークの素敵なものを置こうと決めていました。

でも、そういうものは一つもないのです。代わりにあるのは、ここで積み重ねてきた時間の中から生まれ出た景色でした。その景色は、過去の自分が思い描いた未来以上の道を歩けたと、自負できるものでした。紆余曲折ありまくって、さまざまな出逢いによって辿り着いた姿を、「全然違うやん」と笑いながらも、心底愛おしいと思えるのでした。

1カ月半の準備でなだれ込むように10周年を終えた、3カ月後のこと。まさかの2店舗目となる「四ツ橋出張所」を、オープンする運びとなりました。お客さんの想像の向こう側に行くのが、うちの持ち味ですが、そのスピード感と言うか、行き当たりばったり感は、僕ら自身が翻弄されることもしばしば。もともと、「支店を出したい」と言う意思はまったくなく、「夏の売り上げの落ち込みをなんとか補填してくれ」という、税理士さんからのミッションが発端でした。いつもはブーブー言うんですけど、「リニューアルの予算、オーバーしまくったよね」と痛い所を突かれ、せめてその穴埋めにと、GW明けの、忙しさも一段落した頃から探すことにしました。オープン期日は「暑くなる前」。めちゃくちゃ低い上に「厳守」と強く念を押されている予算。ここまでで、ある程度の制約が生まれます。1カ月以内を目標に物件取得。予算上、路面と2階はまず無理。家賃を考えると狭小物件が好ましい。「え？なにそれ。何屋すんの？」ってなりますね。物件に自由度

Vers un nouvel endroit

Vers un nouvel endroit | 新天地

　10周年のリニューアルをかけた店舗側は、良い感じに刷新できました。が、その裏で、潜在的に深刻化していた問題があったんです。それは「厨房」です。開店時に10年落ちで購入したオーブンが20年を越え、2年でつぶれる覚悟で選んだ激安台湾製ミキサーも、異音を発しながら10年を越えました。ヤフオクで購入した同期入社の子たちは1年も持たずに逝ってしまっている中での大健闘。ただ、もういつ壊れてもおかしくありません。

　機材の買い替え、作業スペースの拡張と、狭いながらに手を打ってはきましたが、仕事量に対する人数と機材の容量が、まったく見合わなくなっていたのです。付随するいろんな問題を同時に改善しようと思うと、今より大きな機材を入れ、今より多くのスタッフが働ける厨房が必要になります。必然的に投資額は大きくなり、その回収は難しくなっていきます。ただ、今にとどまらず、もっと前に進もうと思うなら、厨房の拡張は避けては通れない最優先課題となっていました。

　ここで一番問題になるのは「どこで？」ということ。当然「岸部」を考えますが、10周年のリニューアルの反応が、市場の拡大までつながらなかったんです。この結果が、僕らにとって重要な試金石となりました。いろんな角度で検証し、可能性は模索しましたが、残念ながら、「広がらない市場に今以上の投資はできない」という判断になりました。

　片や、「四ツ橋出張所」。5坪の地下物件という店ながら小規模店舗1店舗分くらいの売り上げを維持し、「3カ月持てば」という大方の予想を裏切って営業は続いています。こんな優良なマーケティン

はなさそうなので、立地に意味を持たせようとなると、やはり岸部とのメリハリは欲しいところ。となると、郊外の住宅地とは対局の、市内のビジネス街。ここまででだいぶ条件は絞られました。

　「家賃が安くて変わった物件出てきたら連絡ください」と不動産屋さんにお願いしたところ、壁と天井が真っ黒に塗られ、床には真っ赤な絨毯が敷かれた、狭くて暗い怪しい地下室を紹介されました。「何ここ！？」と思ったものの、冷静に考えればほぼ条件を満たしている優良物件でした。

　コンセプトは「最悪、3カ月で閉められる店作り」。とにかくお金がかけられないので、やれるところまでDIY。まずは真っ黒の壁と天井を何とかしなきゃなんですが、換気がほとんど効かない初夏の地下室。おまけに謎の咳まで誘発してくるので、担当したスタッフはかなり苦しんだようです（空調整備して解決しました）。ふざけてやっていると思われても困るので、ショーケースだけはオークションで奮発して、昭和の値打ちもんを落札。届いてすぐ、階段にもエレベーターにも入らないことが発覚し、店内最高額の値打ちもんを切断。中に入れてから接着しましたが、一瞬でアンティーク価値を失いました。

　地上から一切見えないので、まったくお客さんに認知されない可能性を今さら懸念し、一応、手書きで看板を作りました。「シュクレクール　四ツ橋出張所」。5坪の地下ですが、市内初進出の、初支店です。

　おっかなびっくりオープンしてみると、予想に反してお客さんが来てくれたのはいいんですが、OLさんらに「逆に、オシャレ」とか言われたのは地獄でした。

グ要素になるとは思いませんでしたが、「拡張の止まった岸部」と「地下の5坪の店が1年継続できた市内」との「市場の二択」となったわけです。僕にとって「岸部」とは意地と愛着の権化でした。が、スタッフと共に歩んでいる以上、個人の感情を優先することはできません。そして、これだけの要素が重なってのことだったので、決断に迷いはなかったです。拡張するなら必然的に、「お客さんの分母の多い場所」という経営判断になりました。

でもね、それでも僕には岸部の店に対して「もう伸びない」というとらえ方をすることはできなかったんです。来る日も来る日も声を張り上げてお客さんを呼んでくれていたのを知っている身としては、「伸びなくなるまで、よう伸ばしてくれてたな」、本当にそう思うんです。だいぶ無理させたんやろうなぁって眺めていると「ごめん、もう声枯れてもうたわ」って、店が笑っているような気がして、なんだか涙が出てきました……。

もう一つ、ずっと心に引っかかっていたのは、縁もゆかりもない岸部に「シュクレがあるから」ってだけで引っ越して来てくれた若夫婦（当時）のこと。それを聞いたときは、本当に驚いたし嬉しかった。パン屋冥利に尽きるというものです。なのに、呼んだ僕らが去ってしまうなんて……。これほどの想いをもらった恩は一生忘れません。身勝手な解釈かしれませんが、そんなお客さんに支えてもらっていたからこそ、移転を決めたことに責任と覚悟を持てたような気がします。ある程度一丁前になるまで、12年間も心と身体を離さずしっかり縛ってくれていたすべてのお客さんに、心から感謝しています。

移転の現実的な期限として設定したのは「1年後」。まずは移転先ですが、手付け金は仕方ないとしても、1年後まで空家賃を払い続ける余裕はありません。ちょうどその頃に建つ（もしくは空く）物件と出逢って、この1年を粛々と契約諸々の準備に当てられるのが理想です。

と言っても、そんな都合のいい物件、うっかり空いているわけないんです。おまけに現実は、「広い物件が必要」→「広いほど家賃は高くなる」→「そんな家賃は払えない」、いや移転とか無理でしょ！って状態。

「もう、公募しよか……」と諦めかけた頃、市内へ偵察に放っていたスタッフから、電話が入りました。「ちょっと見に来れますか？」。聞けば、北新地のビルの1階です。「テナントは嫌やって言ったやん」と伝えても、「とにかく一度見てください」の一点張り。

渋々行った第一印象は「うわぁ……」でした。建て直したばかりの、一流商社が入る高層ビル。何度か近くを通ったことはありましたが、「スタバでも入るんかなぁ」と、完全に他人事として見ていた物件。僕らのような弱小田舎者素人チームが入るなんて、想像もできないくらい分不相応な物件でした。

まじまじと見渡してみると、まず環境が素晴らしい。最寄り駅が徒歩20分のところに一つだけの岸部と違い、「何駅あるの？」ってくらい駅だらけ。緑に囲まれたアプローチは、北新地の毒々しさ（良い意味で）を忘れさせてくれます。店舗の周囲はテラスにできそうなスペースもあり、敷地内なので自転車も車も通りません。ガラス張りの外観には木々の揺らめきが映り、緑の間を抜けてきた日差しや風は、都会の真ん中とは思えないほど心地良いものでした。

「ね、いいでしょ」。自慢気なスタッフに言われ

Larmes

るまでもなく、お金では買えない環境を纏った店舗物件を前に、武者震いと高揚感を抑えきれずにいました。

現実に戻り、担当の方とお話を。そもそも、何でこんな素晴らしい物件がまだ空いているのか。たくさん話があるだろう中で、うちなんかと話してもらって大丈夫なんだろうか。聞くと、目の前に流れる堂島川の船着場は、たくさんの商人の船が集まって、盛んに売り買いが交わされた「大阪の商業の発展の地」でもあるとのこと。そんな由緒ある場所にあっては、早く決めることよりも、本当に納得のいくテナントを選びたいと思っていたと。問い合わせはたくさんあったようですし、進めていた案件もなかったわけではないそうです。それが、いろんなタイミングの綾があって僕たちがお話をさせていただいているのは、これも何かのご縁なんかなぁと思いました。

が、そこから先しばらくは、書類だらけの大人の審査が待ち受けています。「やりたい」ではなく「やれんの？」ってとこです。それもこれも、ダイビルグループさまの思し召し次第というところではありますので、どうか、どうか穏便にと願うばかりでした。

Larmes | 涙

「審査に通った」という一報が入り、ようやく移転先が決まりました。と同時に「岸部を閉める日」も決まりました。翌３月いっぱいでの閉店と移転を発表したのは、2015年の12月、年の瀬の慌ただしい頃でした。

その翌朝、開店したばかりの店内で、顔を合わせるなり泣き崩れてしまうお客さんがいました。自転車で来てくれるお客さんで、シュクレとモンテベロのことをいつも気にかけてくれ、しんどい時期には塩トマトやスーパーの唐揚げを差し入れてくださる、それこそ岸部でやってなければ逢えなかったお客さんです。他にも、あまり話す機会もなかったお子さま連れのお客さんが、ショーケース越しに一生懸命、「ここにシュクレさんがあったから」と、ありったけの想いを話してくれたりもしました。「あぁ……別れってこういうことかぁ」と、いきなり現実を突きつけられました。

何が辛いかって、数は多くないですが、本当の「地元のお客さん」との別れが一番辛いんです。本来、こういう方々と時間を重ねたくて岸部を選んだわけですから……。ただ、その地元に幅広くウケるパンではなかったという矛盾を、最後まで埋められなかったわけです。

そんな中、深夜のバラエティ番組の撮影協力の依頼が入りました。過去、反響のなかったジャンルと時間枠だったので営業には差し支えないと判断し、「場所をお貸しする」程度の気持ちで受けたんですが、現れたのはダウンタウンの松本さんでした。『４時ですよ～だ』世代の僕にとっては神様みたいな人です。その松本さんが、クロワッサンとかクロックムッシュを、「美味い！」言うて食べてくれてる。これはきっと閉店するシュクレからの「ようやったね」っていうプレゼントなんやわ……なんて思っていましたが、そんな呑気なこと言っている場合じゃなかったです。

放映日が重なった新年初日の営業日以降、シュクレ出演番組史上、最強の瞬間最大風速を記録する突風が吹き荒れました。気がつけば２カ月が過ぎ、突

Rôle

風に飲み込まれボロボロになった僕らは、今度は1カ月後に控えた閉店を惜しんで来てくれる方々の波にもたやすく飲み込まれ、感傷に浸る間もないまま、「その日」を迎えることになりました。

　窯が小さく、いつもパンの追加が追いつかないので、開店時間は2時間遅い10時にしました。しっかり準備した状態で、余裕を持ってお客さんを迎えたかったんです。「いつも変わらぬ仕事をすること」が僕らのモットーですが、今日ぐらいは、お客さんに今までの感謝を込めまくってパンを焼く日でもいいですよね。あまり感傷的になり過ぎないようにと努めましたが、何度となく勝手に涙が出てきました。

　「オープンします！」の声とともに開けられたシャッターの向こうには、平日だというのに、たくさんのお客さんが待ってくれていました。「いらっしゃいませ！」と同時に、お客さんからかけられた「今までありがとう!!」の声に、一気に胸が張り裂けそうになり、感情を抑えれば抑えるほど、涙は溢れてくるのでした。

　本当は、夕方くらいから店先に出て、お客さんと思い出話でもしながら閉店を迎えようと思っていたんですが、一度も店に出られぬまま焼き続けました。でも、考えてみれば、このほうがパン職人らしい。最後までパンにまみれて終わらせてもらえるなんて、パン屋冥利に尽きるというものです。

　閉店時間の19時を回っても、まだパンは焼き上がり、お客さんも途絶えません。「パンがなくてもいいと思って！」と、閉店時間を過ぎてからも、最後の姿を見ようと駆けつけてくれました。その後も名残惜しそうにシュクレとモンテベロを行き来する方ばかり。

　20時半まで閉店時間の延長を決めましたが、この1時間半は、お客さんが僕らに「岸部のシュクレクール」でいさせてもらえる時間をプレゼントしてくれたような気がしました。まるで「アンコール」の声で再び舞台に立たせてもらっているかのような、とてもとても幸せな時間でした。

　再閉店時間を過ぎ、いよいよ、閉める時が来ました。急にしんみりしちゃいますね。昨日と一日違うだけで、こうも違うのかというくらい、寂しくて寂しくて仕方ありません。「ふーーーーーっ」と、大きく息を吐いて、店先に出た僕らの前には、信じられない光景が待っていました。お客さん、店内だけじゃなかったんです。シャッターが閉まる最後まで見届けようと、外で待ってくれていたんです。ちょうど密着の撮影が入っていたこともあり、その照明に照らされ暗がりに浮かび上がって見える風景は、一パン職人が思い浮かべた程度の未来図では、とても描ききれないような、まさに夢みたいな景色でした。僕だけじゃなく、この12年に関わってくれたすべての人たちが報われるような、そんな幻想的な景色でした。

　「キーキーキーキー」。錆びた甲高い音を立ててシャッターが閉まり、灯りが消えるとともに、赤い店はゆっくりと瞼を閉じたのでした。

Rôle｜役割

　2016年5月。萌ゆる緑に囲まれて、北新地での新しい日々がスタートしました。そこで何を考え、何を変えたのかと言うと、一番は「役割」です。都会のパン屋が担う役割、次世代に示す役割、食にたずさわる者としての役割。「良い場所に移転できましたー」ではなく、そこで「何ができるか」が大事

なわけです。

　以前からずっと考えていたのが、この仕事に就いている子たちが描く未来のこと。店にいれば、長い労働時間や原価の高騰、人材不足など、「よし！この仕事をずっと続けて行こう！」、なんて思えない現実を目の当たりにする機会が多く感じます。でも、もし、それらが改善されたとして、僕らの仕事は魅力的なんだろうか、パンが作れることに、どれだけの価値があるのだろうか。

　僕は、それ自体に価値をつけられる人は、どの分野でもひと握りだと思うんです。焼いたパンに価値がある、そこに店があることに価値がある、そんな存在にみんながなれるなんて思えません。技術やアイデアで競ることも、そもそもそんな仕事じゃないと思っている僕からしたら、疲弊してしまいます。じゃあ、どこに「パン屋さんで良かった」を感じればいいのか。

　この業態を紐解くと、まず、敷居が低くて間口が広い。パンが嫌いな人以外、老若男女どなたでも気軽に来ていただけます。物販メインですが、イートインもしてもらえます。パンだけ売っているのがもったいないくらい、自由度が半端ないんです。おまけに、単価が低いせいもありますが、飲食の中で群を抜いて集客が多い。多くの人に、想いを伝えられる場ともなります。さらに、パンという食べ物は、本来「分かち合うもの」。昔は、お父ちゃんであったり、お爺ちゃんであったり、食卓を囲む場にいる「長」が、大きなパンをちぎってみんなに配って食べていたといいます。そして、さすがに主食だけあって、たいがいの食材と食べ合わせが可能です。人をつなぎ、食材もつなげられる、「なんて優しく包容力のある子なんでしょう！」と、褒めてあげたくなってしまいます。

　そんなことを考えるようになって、移転のタイミングで「もうパン屋さんはいいや」って思ったんです。岸部で、擦り切れるほどパン屋さん、やりましたしね。じゃあ今度は、パン屋さんを使って何ができるかな？ そう考えたんです。

　移転先の北新地は大阪の一等地。利便性も高く、多くの人が行き来する場所です。ここで「何かする店なのか」、「何もしない店なのか」で、10年後の未来は変わるかもしれない。逆に、10年の歳月があれば、少しでも何か変えられるかもしれない。これは、岸部で学んだことでもありました。

　コーヒーにしろ、ワインにしろ、野菜にしろ、専門店に足を運ぶ人は、ある程度の知識や関心を持ち合わせた人です。が、パン屋さんに来る方の中には、まだそこまで食に興味がない方もおられます。そこで、パンのお供に飲んだコーヒーが、とても上質であったら、勧められて飲んでみたワインが、すごく飲みやすく美味しかったら、そこから世界は広がると思うんです。

　知ってもらうことは本当に難しい。でも、気軽に来てもらえる業態だからこそ、食の入り口になれるんです。使うお皿もカトラリーもグラスも、芸術的な料理ではなく家でも食べるパンがのるだけで、特別なものではなくなり、食卓を連想することができます。「あ、こんなお皿にのせたら可愛いな」、そんな気づきから、少しずつ日常が彩られていきます。

　醤油も味噌も塩も置きます。鰹節も並べます。パンじゃない日の日常も、豊かになって欲しいから。

　さらに、生産者さんと直に接する機会を作るべく、月に一度、グリーンマーケットの定期開催を決めました。場所は、店の真ん前です。ここからもまた、何か広がっていけばいいなと願っています。

もう一つ、食にたずさわる者として忘れてはいけないことがあります。真面目な話、食は未来に向けて、決して楽観視できたもんじゃありません。昨今「フードロス（食糧廃棄問題）」や「サステナブルフード（持続可能な食糧サイクル）」などの言葉を耳にする機会も増えたと思います。食を考えることは環境を考えることにつながります。今だけでなく未来へ何を残せるのかも考えなきゃいけません。僕の仲間も声をあげて取り組んでいる、誰もが当事者であり無視できない問題です。

　ただ、食に限ったことではありませんが、知識も情報も大した抑制力を持たないと思います。何がダメなことかくらい、さすがにみんなわかってるはずですもん。日本の食がインフラ起こしている以上、量的なアプローチから「もったいない」を取り戻すのは難しい。そうなると必要なのは、「体験」です。

　商品として大量に羅列され、いつ行ってもお金と引き換えに手に入るものではなく、少しでも、どこかで誰かが想いを持って作っているものだと感じてもらえるといいな。雪降る寒い中でも、ぶっ倒れそうな暑い中でも、育て、採りに行ってくれる生産者さんがいるから、僕らは食べて命をつなぐことができることも、少し思い出してもらえたらいいな。堅苦しい問題を、「美味しい」や「楽しい」という体験を通じて日常に刷り込んでいく役目も、生産者と消費者の間にいる立場を自覚しながらやっていきたいと思います。人が集い、つながり、分かち合う、パン屋さんだからできること、これからみなさんと一緒に、たくさん見つけていければ嬉しいです。

　その後、「待ってるから！」との声を糧に、「どうにかして」と模索してきた岸部の店の再開を、半年後に果たすことができました。

　北新地から離れられず、どうしても行きたかったけど、どうしても行けなかった再オープンの日。「来店されたお客さんが、口々に『おかえり！』って迎えてくれました」との一報に、パンを焼きながらも涙が止まりませんでした。

　店は、頼まれたわけでもなく、僕が勝手にやったこと。でも、「美味しい」と思ってくれたり、店を好きになってくれたりすることは、お客さんが勝手に思ったことじゃありません。頑張ってやってきたことに、お客さんが応えてくれた証し。その証しを、勝手に店を閉めて無下にすることはどうしてもできませんでした。それなら、「もういらないよ」と言われて閉めるほうが納得いきます。思わせたことへの責任は、しっかり果たしたいと思います。

　止まっていた時間が動き出し、改めて、みなさんの日常に帰ってこられた喜びを感じながら……。

AYUMU IWANAGA

岩永 歩
Ayumu Iwanaga

1974年5月生まれ。小学校入学時に東京都多摩市から大阪府吹田市へ引っ越す。大学中退後、大阪および兵庫のパン店、フランス料理店などで働く。2002年に渡仏し、パリ「メゾンカイザー」で修業。'04年、地元・吹田市岸部にて「ブーランジュリ ル シュクレクール」を開業。'07年、「パティスリー ケ モン テベロ」、'11年「NPO法人 essence」'14年、「シュクレクール 四ツ橋出張所」、'16年、「ル シュクレクール 北新地」を開く。

ル シュクレクール 北新地
大阪府大阪市北区堂島浜1丁目2-1 新ダイビル1F
☎ 06-6147-7779
http://www.lesucrecoeur.com/

ル シュクレクール 岸部
大阪府吹田市岸部北5丁目20-3
☎ 06-6384-7901
http://www.lesucrecoeur.com/kishibe/

撮影	山田 薫
デザイン・イラスト	大西真平
フランス語校正	Junko REVEL
企画・編集	渡辺由美子
制作担当	木村真季（柴田書店）

ル・シュクレクールのパン

初版印刷　2018年5月1日
初版発行　2018年5月15日

著者Ⓒ　岩永 歩
発行人　丸山兼一
発行所　株式会社柴田書店
　　　〒113-8477　東京都文京区湯島3-26-9　イヤサカビル
　　　営業部：03-5816-8282［注文・問合せ］
　　　書籍編集部：03-5816-8260
　　　http://www.shibatashoten.co.jp/
印刷・製本　シナノ書籍印刷株式会社
ISBN 978-4-388-06281-2

JASRAC (出) 1803846-801

本書収録内容の無断掲載、複写（コピー）、引用、データ配信等の行為を固く禁じます。
乱丁、落丁本はお取替えいたします。

Printed in Japan
ⒸAyumu Iwanaga, 2018

Sweet Heart

別冊

SHOP INFORMATION

SWEET HEART
スイートハート

by 横田 益宏
Masuhiro Yokota

　こんにちは、サービススタッフの横田です。
ここに至るまでのページは、シェフの岩永によって綴られてきました。
そのため、パンを捏ね上げるタイミングを「30代後半の女性のお尻の張り」を
イメージしていることや、東西南北がいまだに把握できず、
あらぬ方向に進んでは、家族旅行で子供から軽蔑の眼差しを浴びせられている
エピソードなどは、省かれていることでしょう。
書く必要がないから省かれているという考え方もあるかもしれません。
それはともかく、ここからのページは、スタッフである私の視点から、
シュクレクールのあれやこれやを紹介させてもらいます。
同じ本でありながら、別物扱いです。キワモノ扱いと言い換えてもいいでしょう。
内容が内容であるため、完全に隔離されています。しかし裏を返せば、
自由を勝ち取ったとも考えられます。なので、好きにやらせてもらいます。
自然な動機や着想からスタートしたところに、不自然なひねりが加わり、
そのなかでまた自然であろうとするのが、シュクレクールの表現に
共通している部分ではないかと考えています。こんな形態もまた、
シュクレクール的だということで。では、はじまりはじまり。

レストランや各店舗にパンを運ぶ配送車。通称「シュクレ号」で
す。ひと目でお店を連想させる真っ赤なデザインの理由は、修業
中のパリの街で、そんな車が何台も行き交い色づく風景に、岩
永がわくわくした経験からきてきます。まだ趣旨に賛同してくれる
車は、大阪に現れていません。孤軍奮闘中です。

ル シュクレクール 北新地

大阪府大阪市北区堂島浜1丁目2-1 新ダイビル1F
www.lesucrecoeur.com

呼吸する、
おおらかな空間から
突きつける
新世紀の挑戦状。

店内に足を踏み入れてから数歩で、まず目に飛び込んでくるのは、横幅3.5mのショーケース。お客さんがその前へと立たれた際に、2cmは宙に浮かれて欲しいと願って、私たちの想いを、溢れんばかりに詰め込んでいます。パンパンに詰め込んでいますと書いてから、改めました。

11時の開店が近づくにつれ、次から次へと焼き上がったパンたちが並べられ、命が吹き込まれていきます。

パン屋として、1個や2個だけを切り取った、パンという単体の「商品」ではなく、ショーケースという「景色」から感動してもらいたいのです。大げさに言うならば、それが使命だと思っています。

だからパンたちがいい顔をして並んでいる日は、それだけで、つられて嬉しくなってしまいます。客観的に見れば、パンを眺めてにやけている中年男性です。異様ですが無罪です。

Food, Drink, Sweats
イートインメニュー

パンやキッシュやサンドイッチなど、どれでもお好きにイートインが可能です。店内のハイテーブルと、屋外のテラスを合わせて合計30席を用意しています。お会計を済ませてから着席し、待つこと約10分。カットしてあったり、軽く焼き戻してあったり、最適な状態に仕上げてお届けします。その際に触れるイートイン用のお皿やカトラリー、さらにはディスプレイのプレート、テーブルや椅子などの備品は、どれもこれも心のこもった「上等なもの」を使わせてもらっています。それは、数多あるお店のなかからシュクレクールを選んでくれたお客さんに、パンを通して知らぬうちに、「上等なもの」に触れてもらいたいという思いからです。シュクレクールを好きになったことを、後悔させないぜというスタンスです。お店丸ごとで、ハグしている状態です。やましい気持ちとかはないのです。そっと包まれてください。

サラダとクロックムッシュ

傷つくとわかっていても、同じ過ちをくり返さずにはいられない、とろとろのチーズに覆われた、熱々のクロックムッシュの誘惑。ぱくっとかじれば、口福と火傷がセットでやってきます。ふうふうしましょう。その横に添えられてあるのは、イートイン限定の裏メニュー、サラダです。シュクレクールでは、「玉ねぎを5個、ナスを4本……」といったように、野菜を指定して注文することはほとんどありません。信頼を寄せる生産者の方々に、その季節に収穫できるものを「おまかせ」で送ってもらい、どのように提供するのかは、野菜たちを見てから決めています。多くはサラダだったり、ピクルスだったり、スープになって登場したり、しなかったり。あるのかないのか。その辺は、暗黙のフィーリングで感じ取ってください。しつこく聞くとか、モテませんよ。

カレーパン

一般的には、カレーを包んで揚げたパンは「カレーパン」、カレーの横にご飯をよそったものは「カレーライス」と呼ばれています。だったら、パンのために作ってもらった、スパイスが綺麗に香るインドカレーに、パンとピクルスを添え、スキレットに入れて加熱したものを、「カレーパン」と呼んでもいいじゃないかという論法です。「これがカレーパンですか」と尋ねた私に、「え!? カレーパンじゃん」と大きめの声で岩永に押し切られてしまった、イートイン限定の一品です。どうかみなさんも、押し切られてください。

ドリンク

ブローチをつけるようなタイプの女の子と、深く関われば厄介なことになるといった、自分の経験に基づく統計から、人物の傾向を区分けしたりするのは好きではありません。だがしかし、どれだけ控えめに言ったとしても、飲み物に携わる仕事をされている方々は、確固たる自分の哲学を構築した曲者たちが揃っています。あまりに思想が強固すぎて、ウサギやクマなんかに具現化されてしまいそうなくらいです。そんな素敵な曲者たちの美学が、がつんがつんぶつかり合っている熱が感じられるのが、ドリンクコーナーです。さながら闘技場です。それぞれの論理によって導かれた淹れ方にならい、それぞれに抽出方法を変えて提供させてもらっています。どの一杯も、書き尽くせないくらいの考えが詰まっていますが、何も考えずほっこりできますのでご安心を。

パティスリー ケ モンテベロ

パンだけでは伝えきれないフランスの風景を描くために誕生したのが、「パティスリー ケ モンテベロ」です。一説では、パティスリーと名乗りながら、ロールケーキやショートケーキなど、洋菓子しか置いていない菓子屋に対する当てつけとして誕生したとも言われています。理由は数あれど、フランス菓子に魅了されてしまった菓子職人たちが、思う存分、フランス菓子と向き合う現場であることは間違いありません。元からフランス菓子に興味のあったお客さんのみならず、「フランス菓子ってなんやねん、"フォイユ"ってどう発音するんや、"灯油"みたいな感じか」と聞いてこられるお客さんも含めて、一人でも多くの方に、フランス菓子の素晴らしさを届けたくて、まじめにお菓子を作り続けています。橋本太と中村樹里子という、二人のパティシエから始まった小さなお店は、何人ものシェフの手から手にバトンをつなぎながら、何度となく新しく生まれ変わり前進しています。

SHOP INFORMATION 2

ル シュクレクール 岸部
大阪府吹田市岸部北5丁目20-3
www.lesucrecoeur.com/kishibe

敬意と憧憬から生まれた
赤い狂気。
その始まりと終わり。
あれ、また始まる。

　岩永歩というブーランジェが、「ブーランジュリ」の看板を掲げ、ジャックナイフのような目つきで、2004年に創業した「ル シュクレクール」生誕の地です。地元では、名前がややこしい赤いパン屋として親しんでもらっています（ちなみに店名は、パリの代表的な観光地を読み間違えたところ、たまたまフランス語で砂糖と心を意味する掛詞になり、それを仲間たちが笑ってくれたことに由来します。誤解を恐れず言うなれば、ダジャレです）。

　岩永が自らの過去を振り返り、「外に出たこともないくせに威張っていた、クソ生意気な中3みたいな時期だった」と語る若かりし頃から、少し大人になりフッと肩の力が抜けるまでの10年以上を過ごした、シュクレクールを育ててくれた場所です。

　移転するための閉店を迎えた最終日には、朝から数百メートルの列を作り、涙を流し、盛大に見送ってもらいました。感無量の幕引きでした。

　それなのにわずか半年で、まさかの復活をしました。地元のお客さんたちからは、「どないやねん」と笑顔でバシバシと肩を叩かれ、歓迎してもらえました。

　現在は、開店当初からのスタッフである永遠のお姉さんチームを筆頭に、あの頃のシュクレクールをノスタルジックに醸し出しています。

　とても生活に密着したお店のため、顔を洗う前にパジャマで寝癖とかでも問題なく行けちゃいます。

　どこよりも日常に寄り添ったお店です。

Sweet Heart

シュクレクールから
冠詞の「ル」を剥奪された
地下組織が繰り広げる小宇宙。

シュクレクール 四ツ橋出張所

大阪府大阪市西区新町1-8-24
角屋四ツ橋ビル B1F

雑　居ビルの地下に潜む、パン屋と言われればパン屋と思えなくもない、秘密基地のようなお店です。ビルのエントランスには、何階にあるのか、何屋なのかも書いておらず、ただ店名だけが木の板に落書きしてあります（ここだけの秘密ですが、板の裏にヒントがあります）。少ない手がかりを頼りに、怪しげな地下へ足を踏み入れられるかどうかは、お客さんの勇気が試されるところです。

本来は、1年を通してもっとも岸部店が落ち着いている夏だけの、期間限定で出店するつもりだったのですが、独特の空気感を楽しんでくださる強者のお客さんがあれよあれよと増え、閉めるに閉められなくなり今日に至ります。

成り行きと言ってしまっても、過言ではないでしょう。嬉しい誤算でもあります。

元々が昭和の駄菓子屋を目標としていたため、パンたちも他のお店に比べて、少しレトロなものがまぎれ込んでいたりします。

どっぷりハマるか、二度と来たくないと思うか、好みがはっきり分かれる、底なし沼の出張所です。

「ネオ ノスタルジック」という、コンセプトを掲げた四ツ橋出張所。その代名詞となる存在が、コッペパンです。とてもコッペパンらしい見た目をしていますが、その実体は、あまりコッペパンに良い印象のなかった岩永が、歯切れのイメージを軸に構築した、「コッペパンの皮を被ったコッペパン」なのです。クリームやジャムも、野暮ったそうなふりをしています。きっと、既成概念を欺かれる喜びに満たされますよ。コッペパンのくせに、って。

パンの卸し、料理とのコラボレーション

ブーランジュリの仕事の一つとして欠かせないのが、パンの卸し業務です。現在、関西18軒、関東6軒のお店と、中国地方を走る寝台列車に提供させてもらっています。料理とパンとのコラボレーションから生まれる味わい、シュクレクールとの交友関係などについて、岩永と同世代の4人のシェフ・経営者さんに語っていただきました。

「このパンに負けない料理を作るという思い」

大阪・肥後橋

HAJIME

大阪府大阪市西区江戸堀1-9-11 アイプラス江戸堀1F
www.hajime-artistes.com

　僕がこの世界に入って2年目に、初めて一緒に働いたパン職人が岩永さんでした。オーブンの中にパン生地を入れながら、「行っておいでー」と語りかけている姿が印象的でしたね。まずいと言った覚えはないんだけどなあ（→P.108）。むしろ、いつの日か、この人のパンを使うときが来るだろうと感じていました。

　店を開業したとき、シュクレクールはすでに超がつく人気店。コースの料理1品1品に合うパンを彼に考えてもらい、ペアリングで提供しました。料理やサービスが未熟な中、パンだけは間違いなく美味しくて安心でしたが、それと同時に悔しくもありました。シュクレのパンに負けない料理を出したいという思いがあったから頑張れたと言っても過言ではありません。

　が、お客さんも年を重ね、世間も糖質を気にする昨今、レストランの食事におけるパンの役割を考えるようになり、岩永さんからも「減らしたほうがいい」と。今は小振りのラミジャンと、フィンガーサイズのシャバタでじゃがいもが練り込まれたものの2種にしぼっています。少し口にするとほっとするパンを、決してゼロにはしない。たとえ豆サイズになってもシュクレにオーダーし続けますよ。それはそれで迷惑でしょうけれど。

「肉のようなパン、ソフトでかわいいパン」

東京・表参道

レフェルヴェソンス

東京都港区西麻布2-26-4
www.leffervescence.jp

　宮城県女川で、被災者のための食事を作った際（→P.109）、僕はハンバーガーのパティを担当、岩永さんはバンズ担当でした。彼とはそれまでに2回会った程度。フランス的な、主張の強いパンを焼く人という印象がありました。寒い季節で、お年寄りが多いことも考慮して、僕はクリームソースの煮込みハンバーグにしたのですが、あのゴリゴリのパンだったらどうしようかと、少し心配していました。ところが、ビーツで色をつけた、かわいらしくてソフトなパンでした。僕は彼の性格を見誤っていましたね。

　姉妹店の「ラ・ボンヌターブル」開業にあたり、まわりは香ばしく、中はジューシーで、噛んだら返りがある、まるで肉を食べているような感じのパンが欲しいと、「タルティーン・ベーカリー」を例に挙げて岩永さんに伝えたんです（→P.111）。もう時効だと思うので言いますが、あのとき、僕は電話していません。とりあえず研修が決まったことにして、後からチャドに連絡し、「彼は素晴らしいパン職人だから、一緒にパンを作る価値がある」と伝えて承諾を得たんです。

　サンフランシスコでのいい風を受けて、美味しいパンを焼いてもらっています。

米田 肇　Hajime Yoneda
大阪府生まれ。2008年に独立開業。ミシュランをはじめ、世界の数々のランキングで高く評価される。北新地のシュクレクールから歩いていけるご近所さん。

生江 史伸　Shinobu Namae
神奈川県生まれ。2010年、「レフェルヴェソンス」のエグゼクティブシェフに就く。'18年6月、シュクレクールと組んで、新スタイルの店舗「bricolage bread&co.」を六本木に開業予定。

「ハムとパン、ベーシックな関係性における新発見」

兵庫・芦屋

メツゲライクスダ

兵庫県芦屋市宮塚町12-19
metzgerei-kusuda.com

　10年くらい前、フランス料理のシェフたちとのイベントがあり、そこで僕が作ったソーセージを岩永さんのところへ預けて、ブリオッシュ仕立てにしてもらったのが、おつき合いの始まりです。

　それより前に、お土産でシュクレクールのパンをいただいたことがあって、「焼き切っている美味しさ」という印象でした。

　今は、シュクレクールのイートインメニューのサンドイッチ用に、豚モモのハムを納品させてもらっています。漬け込み時間を短くし、高めの温度で熟成させた、シュクレのパンに合うハムです。

　岩永さんとは何かとイベントでご一緒することが多く、2017年に宮城県石巻で行われた「Reborn-Art festival」では、僕が作った地元の鹿肉の山椒風味のテリーヌに対し、彼は、よもぎとあおさ、フィノキエット入りのパンを合わせてきた。「パンはサポート役だから、ひかえめにした」と言いながら、パンチがあるんですよ。でも、一緒に食べてみると、不思議とマッチしていました。次はどんなパンとコラボレーションできるか、とても楽しみですね。

「B級イメージを塗り替えた最強コンビ"ブリカツサンド"」

東京・阿佐ヶ谷

SATOブリアン

東京都杉並区阿佐谷南3-44-2
📞 03-6915-1638

　うちは、ヒレ肉のシャトーブリアンをウリにした焼肉店です。コースの中盤で提供するのが「ブリカツサンド®」。当初は別のパン屋さんのパンドミを使っていたのですが、どうも納得がいかなくて。たまたま人を介して横田さんとの出会いがあり、シュクレクールの評判は前から聞いていたので、お願いをしてパンドミを試させてもらうことにしました。

　揚げたてのシャトーブリアンのカツに特製ソースをかけて、粒マスタードを引いて、トーストしたパンドミでサンド。口にした瞬間、「求めていたのはこれ!!」。上質な肉と対等な味わい、食感が一体化して、耳も美味しい。大切なパンなので、一番高いトースターを買いましたよ。

　おかげで、焼肉好きだけでなく、パンマニアの方たちまで食べに来てくれるようになりました。一時期、岸部の店が閉店して、北新地のパンドミを使っていたら、「あれ、パン変えた?」って、みなさん鋭い。最終的には岸部のパンドミに落ち着きました。

　北新地のお店にもうかがいましたが、窯の前に立つ岩永さんは、まるでアスリートのようで、キャラが濃い。パンの味と一緒ですね（笑）。

楠田 裕彦　Yasuhiko Kusuda
兵庫県生まれ。2004年、神戸に六甲道店、'09年、芦屋店を開く。手作りのハムやソーセージの品揃えは圧巻の一言。

佐藤 明弘　Akihiro Sato
福島県生まれ。2011年に開業し、現在は計4店舗を経営。1カ月ごとの一斉予約で常に満席の人気店。

マーケット活動

OTHER ACTIVITIES

野外マーケットに参加したり、主催したり
「僕らは街のなかの食のスピーカー」

大阪・北新地

グリーンマーケット

info. www.facebook.com/kitashinchigm/

　北新地のテラスにて、毎月第2土曜日に「グリーンマーケット」を開催しています。野菜や果物やワインなどの生産者さんたちが、全国各地からパン屋の軒下に集う青空市場です。出店してくださる方々は、基本的に固定させてもらっています。それは、きゅんと心を奪われたのに、もう会うことが叶わないかりそめの恋ではなく、季節ごとに収穫される旬の作物とともに、大きな時間の流れのなかで、関係を育んでいけるような場所にしたいからです。言うなれば真剣交際です。

　そのためグリーンマーケットで何より魅力だと感じるのは、売り場に立っている生産者さんたちとの触れ合いなのです。普段は人間と話すよりも自然を相手に対話している人だったり、家で引きこもってプラスチック爆弾を作っているんじゃないかと疑いたくなるよう社会性が欠落した人だったり、個性の強い面々が、自分の育てた作物や加工品を紹介してくれています。

　パン屋という間口の広いところから、肩肘を張らずに言葉を交わし、ここに集う人たちみんなで「街のなかの食のスピーカー」になれればいいなと願っています。

東京・表参道

青山ファーマーズマーケット

info. farmersmarkets.jp

　後先を考えることなく、気持ちだけで動いてしまう習性のあるシュクレチームは、仲間たちからの誘いがあれば、距離を問わずパンを担いで出張しています。遠方だからといって前日に郵送し、それを並べただけの出店はやりたくないため、日の出よりも早くにパンを焼き上げ、車を走らせ現場まで運んでいます。誰に強制されたわけでもなく、自分たちのやりたい方法を選んでいるのですが、その過酷さを道中で痛感するたびに、しばらくは絶対に出ないでおこうと誓い合っています。それなのにまた、どういうわけだか懲りることなく、考えるよりも先に快諾しています。

　その原因はおそらく、どんな場所でも、どんな天候でも、最後尾を案内する立札が必要なほどに長い列を作り、待ってくださっているみなさんと、パンを介して直接に挨拶を交わせる喜びのせいでしょう。

　苦痛が快感とかの嗜好の持ち主ではありませんよ。悪しからずです。

深夜のブーランジュリ

文:横田 益宏

猫も寝静まる午前3時。

郊外の街の交差点にある、赤いファサードのパン屋は、いつものように、きちんとシャッターが閉じられてあった。いつもであれば、酵母たちだけが動き回る、短く静かな時間だった。

ショーケースは空っぽで、厨房の調理器具はあるべき場所に片づけられていた。そのまま密やかに朝を迎え、パンを焼くための窯が熱を上げていくのに合わせ、徐々に慌ただしさを増して、開店へと繋がっていくはずだった。

それなのに、今夜の店内は、突拍子もなく小麦粉をぶちまけられたかのように、曖昧で混沌としていた。ラジオをチューニングしているうちに、予期せぬ異国の怪電波を拾ってしまったみたいに。

製造スタッフが出勤してくるにはまだ早すぎる深夜に、タナカは知り合ったばかりの男と、ややこしい関係で結ばれていった。

そもそものはじまりは午後11時にさかのぼる。

タナカはワンピースに後ろ髪を引かれながら、泣く泣くデートを切りあげた。上手くやれば上手くいくに違いない流れだった。しかし女心とは気まぐれであるのが常であるため、手のなかのウナギのようなものだったのかもしれない。掴んだつもりが、するりと擦り抜ける。そう考えると、上手くいきそうであると、思わされていただけなのかもしれない。まさか。急に切なくなるじゃないか。まったく。下心は冷静さを失わせ、自意識を踊らせるものなのだろうけれど。どうせなら気がつかないままでいたかった。

でもとにかく、タナカのほうからデートの中断を申し入れしたのは確かだった。不意をついて出たアイデアによって、気がそぞろになってしまったためだ。しかし、上手くいかないことを察知し、アイデアに従順な仕事野郎を気取りつつ、傷つくことを回避したという可能性も急浮上していた。

そんな理由がまだ、夜に潜んだままの午前0時30分、タナカは勤め先のパン屋の裏口の鍵を開けた。照明をつけないまま、裏口と直結する厨房のなかを、非常灯の明かりだけを頼りに通り抜けた。

パンの匂いが生活に密接しすぎているあまり、普段は鈍感になってしまっていたが、独りぼっちの孤独な夜には、その香りによって安堵を覚えた。

販売スペースのライトを灯すと、卵や野菜、牛乳などの発注を済ませたファックス用紙をかき集め、ボールペンを文具箱から抜き取った。それらをイートイン用のカフェテーブルに並べ、椅子に浅く腰かけた。

これからタナカは「対面販売のサービスについて」を、文章にまとめようとしていた。

ただ言われたものを取って運び、金銭のやりとりをするだけの、「買ってもらうこと」が目的であれば、人間がやるよりもロボットに任せたらいい。エラーも少なく、長い目で見れば人件費も安く、汗ひとつかかずに何時間でも働いてくれる。

しかし思考によって導かれた技術を用いて、対面でサービスをしたのであれば、ロボットはぷしゅぷしゅと吹き出したオイルで「人間っていいな」なんてダイイングメッセージを残すほかにないはずだった。

イメージから着想し、調理器具を使い、料理を作るのと同じように、サービスも自身の肉体によって価値を生み出す専門職なのだ。

まずは店について、扱うものについて、自分について、知るところからはじまり、要素を多角的に捉え、磨き、深め、広げていく。それにより、扱うものがたとえ個体差のない缶コーラであっても、味覚や体験に変化を与えられる。わかりやすく達成感を得たり、評価をされたりは少ないけれど、誰にも頼らない裸一貫の反復のなかに、他では得られない喜びや美しさに触れられる。

そんな言葉が、すいすいとタナカの頭のなかで泳いでいた。これらをすくい上げ、まとめようというのが、デー

ト中に思いたったアイデアだった。

　やるべきことは、はっきりとしていた。しかし、いざ、取りかかるぞと決めてから開始するまでに、タナカはいつも長い時間をかけた。それは入念すぎるウォーミングアップのように。むしろ筋肉や腱を痛めかねないほどだった。

　17分なんてキリの悪い時間からは始められないよ、30分まで待とう、あれ32分か、仕方ない45分からだな、などといったスタートラインの引き直しは序の口だ。集中し始めてから喉が乾いてはならないと飲み物を買いに出たり、やろうと試みたことは何もしていなかった自分からは前進をしている、と歯の抜けた賢者のような屁理屈をこね回したりしては、さもやったつもりになって何もせずにベッドに入ることさえ少なくなかった。

　今夜のところはどうにか、ボールペンを解体しては組み立てを繰り返した後に、動画サイトでアイドルの結成から解散までの短い歴史に胸を熱くしたところで、はて何をやっていたのだろうかと冷静になり、午前1時45分に、カフェテーブルに置かれた紙と向き合った。

　重たいペンから、ようやくインクが落とされようとしていた、まさにその時。厨房のなかに、外の明かりが漏れ入るのを感じた。

　他のスタッフがやってくるとは考え難い時間だったが、いかなる相手であろうと、取りかかるべき作業を中断するための口実を待っていたタナカは、いやいや、そんな不純な動機ではないよと自分に言い聞かせつつ、すぐさまボールペンと紙を片付け、様子を確かめに行った。

　非常灯だけの暗がりの厨房に、白いパーカーに白のデニム、白のスニーカーという、全身白のコーディネートで身を包んだ男が立っていた。

　照明が灯されると同時に、男はタナカの存在に気がつき、ビクッと体を仰け反らせ、くぐもった驚きの声をあげた。それに続けて、おそらくバツの悪い表情を浮かべ

たのだろうけれど、雰囲気で察するしかできなかった。

　なぜならその男の首から上、すなわち頭部には、大きなパンドミが覆いかぶさっていたのだから。まるでヘルメットのように。もしくは、迷走中のプロレス団体のマスクマンのように。2斤ほどはゆうにある、パンドミ。目と口と耳には、それぞれ小さな楕円形の穴が開けられてあった。

　デートを中断してまで仕事に打ち込むタナカを励ますために登場したヒーロー、なんて錯覚させてくれる余地はなかった。通学路に迷い込んだならば、町中が大騒ぎとなり、石を投げつけられるほどの怪しさを振りまいていた。親父、そんな格好で外をうろつかないでくれよと涙を浮かべる不良の息子に、返事もせず夕焼けを見ているという哀愁のある家族の風景で、ぎりぎり成立するかどうかのレベルだった。

　パンドミ男を視界に捉えたところから、驚きうろたえるまでの30秒足らずで、タナカはあらゆる情報を、五感を使って頭に入れ、観察と分析をした。これは職業病的に身につけたスキルだった。

　タナカはいつも、店に入って来るお客さんの姿勢や目線、手荷物、身だしなみ、顔色、匂い、汗、重心の位置などを、際限なくさりげなく見ていた。漠然とした目の前の「誰か」ではなく、会話をする「あなた」へと向かうための行為として。言葉を使わない、コミュニケーションのはじまりとも言えた。

　たとえ読み取った情報が間違っていたとしても、予見との差異が手がかりに変わったりもする。どう転がろうと、対面販売で肝心な、会話へのひっかかりを探した。ずらりと並ぶパンたちの代弁者となり、出会いを結ぶために。

　そんな条件反射と化したスキルの応用によって、まるで犯人をあぶり出すかのように、パンドミを被った男を、

タナカは限なく観察した。

　ひょろりとした体つきに、おずおずとした挙動、後ろポケットのメモ帳、手の荒れ方と火傷痕。それら数々の情報から、金品の強盗を企てていたり、危害を加えたりする意思がないことをタナカは察知した。だがしかし、この場所に複数回は忍び込んでいることも、暗闇の厨房を難なく入ってきた様子から見て取れた。

　このまま電話をかけ、国家権力へ突き出すのは容易だった。あるいはタナカ自身の手によって、制裁を加えることもできた。パンドミを調理するには十分すぎる道具が、ここには揃っているのだから。フレンチトーストやラスクにしてしまうといった、ファンタジックで猟奇的な選択だって可能だった。

　しかしそれよりもタナカは、男が何を目的としてこの場所へ、こんな格好でやって来たのかを解き明かすことに、愉快さを覚えはじめていた。

　シャツの襟元を正すと、その声量と声色を瞬時に選び抜き、出迎えの言葉を探し当てた。

「どうぞ、お待ちしておりました」

　パンの並んでいないパン屋で、たった一人に向けた午前2時の対面販売が幕を開けた。

　呆然と立ちすくむパンドミ男に、肩を並べ歓迎の意思を全身で示した。そしてまた、タナカの意識の範疇にあることも認めさせた。

　パンドミ男は、頭部の被り物を剥がされるのを恐れたのか、はたまた予想外の出迎えに驚いたのか、腰の引けた姿勢で両手を使いパンの上部を押さえていた。

　このように、身構えている相手の警戒心をかいくぐり会話をはじめるには、思いもよらぬ問いかけや、抱いているはずの感想をくすぐるなどの工夫が求められた。形式的な導入では、相手を遠ざけてしまう。

　例えば、初めて来店したお客さんが、たくさんのパンを前に選べなくなっていた際、「ご注文はお決まりですか。質問があれば言ってくださいね」と、通りいっぺんにたずねることが、「早くしろよ」と変換され、選ぶという意欲を削ぐように。

　言うまでもなく、今夜のデートの彼女にはあらゆる手を尽くし、過剰なまでに実践をした。眉をしかめ、うんざりされる寸前を楽しむみたいに。あれあれ。どうしてだろうか。しつこいほどに思考が、彼女へと向かいたがるじゃないか。たぶん、引きずっているのかもしれない。いや、潔く認めよう。上手くいかないかもしれないと気がつくと同時に、好きかもしれないと気がついてしまったのだ。

　とにかく、今夜のゲストであるパンドミ男には、迎え入れの言葉に続き、とっさにタナカが描いたシナリオの設定を理解させ、席に着かせることを試みた。

「深夜の質問コーナーにようこそ！」

　陽気にタイトルを告げ、詳細な説明へと入っていった。

「普段から抱いていた疑問や、聞いてみたかった質問を、夜のパン屋でするという趣旨の、特別企画です。メモ書き程度の告知しかしていなかったため、誰も来てくれないのではないかと心配していたんですよ。まあ、その不安は見事に的中し、ずっと独りぼっちで過ごしていました。参加の条件に、仮装してくることを義務づけたのが失敗だったのかもしれません。危うく発酵中のパンと会話しかけたくらいです。でも、結果的にパンとお話しする形になりましたね。お越しいただけて嬉しいです」

　タナカは、顔いっぱいにわんぱくな笑みを浮かべた。さらにパンドミ男に向かわせたい場所を、右手でそれとなく示しつつ言った。

「たぶん、今夜の最初で最後のお客さんです。ここはひとつ、貸し切りにしてしまいましょう。まずは、紅茶をご用意させてください。どうぞ、奥の質問ブースへ」

　うつむき加減で戸惑っていたパンドミ男だったが、

促されるままそろそろと歩き出し、カフェテーブルに着席した。

　タナカはショーケースの斜向かいのドリンクカウンターへと回り、ケトルを火にかけ、茶葉をスプーンですくった。そうして、ゆっくりと準備を進めながら、注視すべき優先順位を変動させつつ、舌を噛みそうな茶葉の名前にまつわる失敗談や、ミルクや砂糖の有無などを急かさずのんびりと投げかけた。

　砕けた単純なやり取りの繰り返しと、質問コーナーへ参加した客として振る舞おうという意識からか、パンドミ男は徐々に落ち着きを見せ、長い文節を話しはじめた。

「いやあ、こんな企画があって嬉しいです。聞いてみたい質問があったんです。とても頭を悩ませていました。あまりにも考えすぎて、奥歯で銀紙を噛みしめるような毎日でした。キーンです。わかるでしょうか。おかしなこと言っていませんか。心配です」

　声や話し方で、人物を特定させないための対策なのか、仮面をつけたことで別人格を宿したのか、面倒くさい声色を振りまいていた。

　タナカは柔らかく会話の隙間を通り、紅茶をテーブルに運んだ。

「淹れたばかりで熱くなっています。お気をつけください。そして、夜はそんなに早く逃げていきません。のんびりやりましょう。青いリンゴを、ベリーがぶん殴ったような香りが弾ける、紅茶をおともに。くらくらしますよ」

　定型化してしまいがちな説明のセリフを、専門用語を使わず、今ここで生まれたばかりの言葉のように届けた。そして頭を覆うパンドミが妨げとなり飲みにくいだろうと、カップにストローを挿した。

　パンドミ男が忠告を聞かず、勢いよくストローから紅茶を吸い上げ、熱さにのけ反っている間に、タナカは空っぽのショーケースの裏側へと移動した。営業中の定位置だ。仕切り直すように背筋をすっと伸ばした。

「お待たせしました。質問コーナーの時間です。私からお客さんに対して、疑問に思っていることの核心を突きまくる企画です。それでは早速ですが、最初の質問をさせてもらいますね」

　パンドミ男に、何らか言葉を挟ませる隙間を与えず、タナカは低い声を出した。

「あなたはここに、何を盗みに来たのですか？」

　鋭い質問により、和やかな空気が砕かれた午前2時20分。

　パンドミ男は頭の角を揉みながら、視線を天井の隅に向け、椅子の上でお尻をもじもじと揺らしていた。

　タナカはどんな答えが返ってこようとも柔軟に受け止める態勢を整え、相手の出方を緩やかに待った。少しでも話しやすくするため、パンドミ男の正面より半歩ほど外れた位置を選んでいた。

　そんな束の間の沈黙。

　あるのに見えていなかった恋心がタナカを締めつけた。そのため、ありもしないショーケースの上のパンの粉を、せっせと掃除するふりをした。まったくもって余裕だぜ、効いてないし、マジでマジで、と平静を装いながら。実際は電車のなかや授業中、前触れもなく押し寄せた腹痛の波に、九九を唱えながら耐えているのに等しかった。

　拳を強く握り、それらを気合いでやり過ごしたところで、パンドミ男が声を発した。

「そうですよね。バレてしまっていますよね、盗みに来たと。よくわからない展開に、すっかりその気になっていました。本当にすみません。うっかり目的を忘れるところでした。危ない、危ない。思い出させてくださり、ありがとうございます」

　先ほどまでの面倒くさい声色ではなく、まっすぐに本音を述べている様子だった。

そんな愚直な相手に対してタナカは、抱いている気持ちを、包み隠さずありのままに返した。

「残念ながら私は、どうやら盗まれる側であるため、その片棒を担ぐまねはできません。ただし、パンドミを被って歩くあなたを、嫌いにもなれないのです。困ったものです。それにどんな形であれ、出会ってしまったからには、何か得るものがあって欲しいとも思います。パンドミのあなたにね。だから、もう少し詳しく聞かせてください。何が欲しくて、ここへ来たのですか」

先ほどまでのもじもじとは打って変わり、上体を机に突き出すと、すぐさま口を開いた。

「この店に隠されている秘密が、どうしても知りたくなってしまったのです。気になって気になって。寝ても覚めても離れません。他のことが手につかないくらいです。もちろん洗濯をしたり、お風呂に入ったりはしています。ゴミもきちんと分別しています。友達はいません」

タナカはトリッキーな回路からの、哀しい告白に「奇遇ですね、私もです」と答えてから、湾曲した友情が芽生えてしまうより先に、本筋へ戻った。

「その秘密とやらを解き明かしたくて来たというわけですね。ひょっとして仮装の理由は……」

「まさに、そうです。長時間にわたって隠れるためのカモフラージュです。パン屋に潜むのに、もっとも適した装いを考えたならば、そりゃパンしかないってわけです。靴屋ならスリッパです。白い服は、小麦粉やパンの生地と同化するためです。自分でもこれは、なかなかの名案だと胸を張りたいポイントは、空腹がしのげるってところです。内側からパンを食べられるんですよ。被ってから気がついて、とても驚きました」

「はい。了解です。えっと。これまでにも、何度かここへ忍び込んでいますよね。それでもたどり着くことができなかった秘密を解き明かすために、腰を据えて長期戦に出たというわけですか」

「間違いありません。その通りです」と素直に認め、大きく頷いた。

「2カ月前にこちらでパンを買って、近くの公園で食べました。それはもう、言葉にならないくらいの感動でした。味覚をすっ飛ばして、胸に突き刺さるくらいに。響きました。じーんと。その感動は日を追うごとに、自分の手で作ってみたい、誰かに届けたいという欲求になりました」

タナカはパンドミ男の手首に残る、火傷痕に目を落とした。それにより、おおよそを理解すると、対応すべき選択肢を描きつつ、続きへ耳を傾けた。

「こっそりレシピを手に入れ、機材も同じものを揃えました。そして、パンを作りました。よく似たものができたんです。とても美味しかったんです。でも、何かが足りない。同じように作っても同じにならない。どうしてだか、わかりません。だからまた、ここに来ました。焼き上げてからお客さんへ渡すまでに、何か細工をしているんじゃないかと疑っています。その真実が、知りたいのです」

タナカは袖をまくり、小さく両手を広げた。能動的な受動の姿勢。レストランや、カフェなどのように、席をともにする相手との時間や、料理を口にするわけではない対面販売の現場において、基本となる構えだった。

パンを買って帰る。日常のほんのひとコマで、ささやかながらも胸を踊らせ、思わず笑顔がこぼれる、そんなわくわくするような提案を心がけていた。それは相手がパンドミを被った泥棒であっても変わらない。

「なるほど。忍び込んでは、レシピを書き写していたのですね。いいですか。レシピはレシピでしかないのですよ。まあ、そのあたりについては、別の機会に、誰かにじっくりと語ってもらいましょう」

タナカは目を横にやり、独り言を漏らすかのように、口のなかで言葉を転がした。

「絵に描かれた金品を盗みに入った、間抜けな泥棒の噺は聞いたことがありますが。あなたはここに、目に見

えない価値を盗みに来たというわけですね」

　深まる夜の倦怠がノイズとなり、高鳴りや淋しさへ紛れ込む、午前2時40分。店内には月の光すら漏れ入ることはなかったけれど、明日が近づいている気配は、はっきりとそこに漂っていた。

　ここからは、パンでパンを挟んだ、サンドイッチのような展開を迎えようとしていた。

　それはただ、パンを重ねただけではないのか。具材との境界線はどこにあるのか。そんなふうに、見れば見るほど、考えれば考えるほど、袋小路へ入ってしまうような。簡単なことをややこしくしているのか、複雑なことを平たくしているのか、そのどちらでもあるような。

　デートの彼女と待ち合わせた駅で会い、予約してあったレストランまでを並んで歩いている途中。ふらっと視界から姿を消したのにイラッとして、ひょっこり戻ってきたところで「不思議少女を気取っているつもりか」と尋ねたら、「あなたって、ほんとにバカね」と返されてしまったのを、思い返さずにはいられない。それほどに、ややこしい局面へと突入した。

　タナカは、ショーケースの上に肘をつき、両手で円をかたどった。

「いいですか。ここにトマトがあったとします。赤く熟したものや、まだ青さを残すもの、形や大きさも千差万別です。その個体を見極め、調理を施し、料理に着地させるのが作り手です。どれだけ美味しく仕上げられるかを問われます。やや乱暴に言ってしまえば、そういうことです」

　はっきり言葉を切ると、体ごと肘を滑らせて、手のなかのトマトを右に動かした。

「一方で、対面販売のサービスにとって、トマトとは、お客さんです。お客さんというトマトを、料理に仕上げさせてもらうのです。どんな状態のトマトであるかを感じ取り、いかなる調理法を用いてもかまわないから、美味しい料理にします。歌っても、踊っても、フレディ・マーキュリーのポーズを決めたって、何だってかまいません。時には暴言を吐くという選択が、最善の調理法であったりもします。美味しい料理を作る確率を高める技術や、エラーを少なくすることを求められる仕事です」

　ひとつ呼吸をおき、手のなかのトマトを片手ずつ、小さなトマトふたつに作り変えた。

「そしてさらに、扱うパンもまたトマトなんです。表面的にはわかり難いですが、厨房で焼き上げられ、ショーケースに並べられたパンたちを、お客さんが店から連れて出られるまでの間に、変えるんです。当然、味だって」と言って手をほどいた。

「知りたかった秘密に、どんどん接近していますよ。ここまでは、いいですか」

「はい。もちろん。重要そうな内容だというのは、伝わってきます。とても。ただ、たくさんのトマトの登場に、混乱してしまってもいます。実のところ。トマトの煮込みに入れられた、具材たちの気持ちです」

　タナカは小さく相槌を打つと、再び、両手を使って円をかたどった。

「心配しないでください。これは、新たなトマトの襲来ではありません。今回は、ドーナツの登場です。あなたの盗みに来た、目に見えない価値は、いわばドーナツの穴です。そんな自らに宿した、ドーナツの穴を通過させることで、先ほどの、トマトたちの変化が生まれるのです。それは対象との信頼や密度によって、宇宙まで広がります。相手の心を読んだり、時間を伸縮させたり、空間を移したり。いとも簡単にできてしまいます。ただし、慢心し、トンッと大きな音をひとつ立てるだけで、失われてしまったりもするのです」

　パンドミ男は、ごくりと喉を動かした。

「言っている意味は、正直なところよくわからないで

す。でも、盗みに来たからには、手ぶらで帰るわけにはいきません。それも、それほどに効力があると知ってしまったからには。是が非でも、欲しいです。ここだけの話ですが、ドーナツを食べているときに口内の水分を奪われ、息苦しくなっていく感覚。けっこう好きです」

「あ、食べないですよ」と冷たくあしらってはみたけれど、タナカは的外れで貪欲な狂気を孕んだ返答が、むしろ心地よくなってしまっていた。詰め込んだ知識で頑になることや、環境に不満を漏らすような、学びの妨げとなるものがなく、前のめりで欲望のままに突っ走る姿が清々しく思えた。ひょっとすると彼は、ロマンチックな男かもしれないと勘違いできそうな感覚に従い、落としどころを軌道修正しようと決めた。

タナカはショーケースの裏側から、パンドミ男へと歩み寄り、共犯関係を結ぶように声を潜めた。

「ある、けれど、目に見えない価値を盗むのは、簡単ではありません。すでに、この場所には、数え切れないほどあるのに、まだひとつだって盗めていないのですから。わかりますか。それは、自分なりの方法でなくては、手に入らないのです。少し時間をあげますから、あなたの思うやり方で、捕まえてみませんか」

「ありがとうございます。是非とも。盗みに来た甲斐があります。野生の本能を呼び起こし、必ず捕まえてみせます」

パンドミ男は言い終わるやいなや、すっくと立ち上がり、ご利益のある煙を頭に浴びるかのように、手で空中を扇ぎだした。続けて、肺いっぱいに長く息を吸い込んだかと思えば、パーカーを広げ、降ってくる餅を拾うような動きで、店内をぐるぐると歩きはじめた。

タナカはそれらをぼんやり眺めると、片付けておいた紙とペンを手に取り、カフェテーブルの椅子に座り直した。

誰かのいる空間という軟禁状態が集中力を高め、なめらかにペンを動かした。この夜に起きた事柄を軸に、対面販売について順に書き記していった。

視界の隅っこへ、不意をついては登場し、でたらめに躍動しているパンドミの彼に盗まれるためのお土産として。

穴だらけの不毛な会話と、数えきれない比喩のジャングルを抜けた文章の終わりは、こう結んだ。

「ここまでのことを、とりあえずはすべて忘れてくれてもいい。大切だけれども瑣末なことだから。でも、どうしても忘れないでもらいたいことが、ひとつだけあるんだ。こちらとしては、パンドミを頭に被りたいくらい恥じらいがあるけれど、あなたには、パンドミを脱いでしっかりと受け止めてもらいたい。いいかな。結局のところ、すべては愛だと思うんだ。だから、すべての愛で挑むしかない」

その連続する世界で。

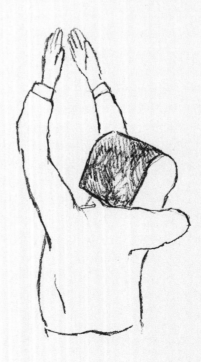